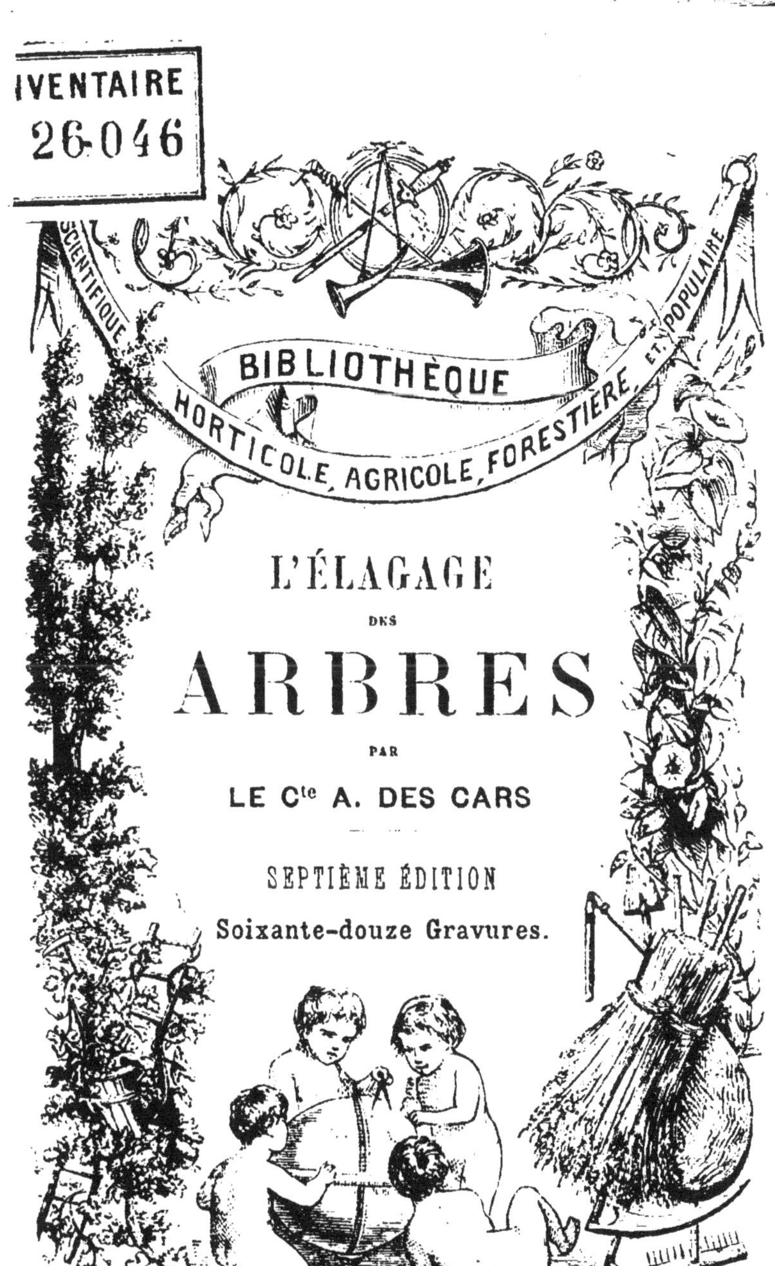

L'ÉLAGAGE DES ARBRES

PAR

LE Cte A. DES CARS

SEPTIÈME ÉDITION

Soixante-douze Gravures.

PARIS. J. ROTHSCHILD, ÉDITEUR PARIS.
43, RUE St ANDRÉ-DES-ARTS, 43.

L'ÉLAGAGE
DES ARBRES

. . . Si le bois venait à disparaître, toute civilisation s'éteindrait sur la terre.... C'est donc le devoir de toute société éclairée de donner des soins à la culture des arbres forestiers, de les multiplier autant que le comportent les besoins, et de les aménager de manière à en assurer la conservation à la postérité, mais c'est là malheureusement ce qu'on paraît avoir oublié dans notre siècle.

(DECAISNE, *Manuel de l'amateur des jardins.*)

L'ÉLAGAGE
DES ARBRES

TRAITÉ PRATIQUE

DE L'ART DE DIRIGER LES ARBRES FORESTIERS
ET D'ALIGNEMENT, D'ACTIVER LEUR CROISSANCE ET D'AUGMENTER
LEUR VALEUR

PAR LE Cte DES CARS
MEMBRE DE LA SOCIÉTÉ FORESTIÈRE

SEPTIÈME ÉDITION

Médaille d'or de la Société impériale et centrale d'Agriculture; Médaille d'argent à l'Exposition universelle de 1867.

72 GRAVURES DANS LE TEXTE

PARIS
J. ROTHSCHILD, ÉDITEUR
LIBRAIRE DE LA SOCIÉTÉ BOTANIQUE DE FRANCE
43, RUE SAINT-ANDRÉ-DES-ARTS, 43

1870.

STRASBOURG, TYPOGRAPHIE DE G. SILBERMANN.

A MONSIEUR J. DECAISNE

MEMBRE DE L'INSTITUT
DIRECTEUR DES CULTURES ET PROFESSEUR AU MUSÉUM
D'HISTOIRE NATURELLE, A PARIS.

MONSIEUR,

Dans la leçon que, le 30 avril dernier, vous faisiez au Muséum, vous avez voulu consacrer, par l'autorité de votre savante et lumineuse parole, la méthode d'élagage que M. le vicomte de Courval applique depuis plus de quarante ans avec un succès complet, dans les forêts de son vaste domaine de Pinon (Aisne). M. de Courval a exposé sa méthode dans une brochure du plus haut intérêt[1], mais que son prix et peut-être aussi l'élévation du langage, tiennent hors de la portée des habitants des campagnes. — Occupé moi-même depuis longtemps de

[1] *Taille et conduite des arbres forestiers et autres arbres de grande dimension*, ou Nouvelle Méthode de traitement des arbres à haute tige etc. Paris 1861.

cette importante question, j'ai rédigé, il y a quelques années, une instruction purement pratique, basée sur les résultats de ma propre expérience et amenant des conclusions identiques. Vos encouragements non moins que l'insistance de M. de Courval me décident aujourd'hui à publier, presque sans en changer la forme, cette instruction restée jusqu'ici entre les mains de quelques bûcherons et gardes forestiers. C'est aux mêmes hommes qu'elle est toujours destinée, tout en contenant certaines considérations d'intérêt général sur lesquelles je me permets d'appeler l'attention de tous ceux qui s'intéressent à la sylviculture.

En m'autorisant, Monsieur, à mettre cet humble opuscule sous vos auspices, vous lui donnez près du public une précieuse garantie; votre nom contribuera au succès de mes efforts pour la conservation et le développement d'une source si importante, et cependant trop délaissée, de la richesse nationale.

A. Des Cars.

Paris, juin 1864.

AVERTISSEMENT.

Le but de cet écrit est d'encourager tous les propriétaires de bois, du plus grand au plus petit, à augmenter sensiblement leur capital et leur revenu, de la manière la plus simple, la plus sûre et presque toujours sans frais, au moyen d'un élagage raisonné.

Je n'ai d'autre prétention que de vulgariser la méthode de M. de Courval, car c'est lui qui a formulé le premier les principes sur lesquels reposent les pratiques que je conseille. Ce petit manuel n'est pas destiné à remplacer son livre, que je recommande instamment aux sylviculteurs; je proclame ici sa priorité, devant laquelle je m'incline, me faisant honneur de marcher sur ses traces. — Comme je veux avant tout être clair et pratiquement utile, je ne craindrai ni de reproduire les pensées de mes prédécesseurs ni de me répéter moi-même au besoin : il est presque superflu d'ajouter que j'assume l'entière responsabilité de tout ce que j'avance, comme étant le résultat de mes travaux personnels.

Les figures explicatives disséminées dans le texte ont le mérite d'être dessinées d'après nature ; je puis donc en garantir l'exactitude.

Si je me fais un devoir de citer, comme exemple à suivre, l'habile direction donnée aux jeunes arbres formant les nouvelles plantations de la ville de Paris et de quelques-unes de nos routes, néanmoins l'intérêt de la vérité me force à un petit nombre d'observations critiques. Placé sur le terrain de l'utilité générale, — on le comprendra, je l'espère, — je suis par là même au-dessus de tout vulgaire-parti pris de dénigrement.

AVANT-PROPOS

DE LA SIXIÈME ÉDITION.

Cinq éditions épuisées en moins de deux ans témoignent de la faveur avec laquelle le public a accueilli cet opuscule. Personne n'a plus contribué à ce succès que l'administration forestière ; c'est pour moi un devoir d'autant plus rigoureux de le proclamer que j'ai cru nécessaire, dans l'intérêt général, de signaler les inconvénients résultant des pratiques généralement en usage tant dans les forêts de l'État que dans les bois des particuliers.

Non-seulement les fonctionnaires les plus éminents de la direction des forêts m'ont donné des témoignages d'approbation non équivoques, mais c'est sur le rapport de l'un de ses principaux chefs, dont la compétence n'est contestée par personne, que la Société impériale et centrale d'agriculture a bien voulu me décerner une médaille d'or.

Le rapport de M. Becquet, conservateur des forêts à Paris, constate que, malgré des difficultés dont il serait injuste de ne pas tenir compte, la première de toutes étant l'absence complète de fonds consacrés à cet usage, l'administration sentant toute l'importance de bons élagages, a fait depuis quelques années exécuter d'importants travaux dont elle a déjà pu constater les résultats satisfaisants.

L'Auteur.

L'ÉLAGAGE

DES ARBRES

CHAPITRE PREMIER.

CONSIDÉRATIONS SUR LA NÉCESSITÉ D'UN BON ÉLAGAGE.

Coup-d'œil sur l'entretien des bois en France. — La France ne produit pas la quantité de bois de construction et d'industrie nécessaire à sa consommation, chaque année le déficit augmente et porte spécialement sur les pièces les plus précieuses : la marine s'y trouve particulièrement intéressée; on n'ignore pas, en effet, que nos forêts fournissent à peine le quart des quantités requises par les seuls chantiers de l'État.

Grâce aux facilités des communications, nous pouvons actuellement tirer de l'étranger ce qui nous manque; mais si l'on considère que ces forêts lointaines s'épuisent[1], que nous payons un tribut annuel de plus de cent millions pour ce qui est un des principaux produits de notre sol, que les besoins augmentent chaque jour[2], et que d'ailleurs ces ressources peuvent nous manquer en temps de guerre : on a lieu de trouver notre situation déplorable pour le présent, effrayante pour l'avenir, et de se demander s'il n'y a pas un moyen d'y remédier.

Les causes de ce mal sont nombreuses : il ne nous appartient pas de les approfondir ici, mais il est impossible de ne pas voir en première ligne le morcellement indéfini de la propriété, conséquence inévitable de nos lois actuelles. Des forêts appartenant aujourd'hui à des particuliers, combien en restera-t-il dans vingt ans? combien dans cent ans? Quand il s'agit du chêne, on a sans indiscrétion le droit de poser une pareille question; car un siècle est à peine la moitié du temps nécessaire à son développement.

Le remède que je propose ici n'est pas la révision du Code civil : vivons avec les inconvénients et les avantages de notre temps ; tâchons au moins de pro-

[1] Celles du moins que leur situation littorale met à notre portée.

[2] La seule industrie des chemins de fer a des exigences énormes et incessantes. La pénurie est déjà grande, et pourtant notre réseau est bien loin d'être complet.

fiter de ces derniers, tout en regrettant, au point de vue de l'intérêt public, la destruction, l'anéantissement prochain et fatal de toutes ou presque toutes les forêts des particuliers.

Toutefois l'État possède encore de nombreuses et belles forêts, assises sur de bons sols et entretenues par une administration non moins savante que dévouée aux intérêts du pays. Cependant leur production en bois de haute valeur est-elle bien ce qu'on est en droit d'en attendre? La réponse est malheureusement trop aisée.

En effet, il est difficile, en parcourant les forêts de l'État ou les bois des particuliers, de ne pas être, le plus souvent, frappé du triste spectacle que présentent un grand nombre d'arbres, dont les troncs couverts de plaies béantes, de protubérances, de tronçons de branches mortes, accusent une désastreuse incurie ou des pratiques plus désastreuses encore.

Il est évident, même pour la personne la plus étrangère à la culture des bois, que ces arbres sont pourris à l'intérieur et par conséquent impropres à la plupart des usages industriels.

Si l'on pense à la quantité prodigieuse de sujets sur lesquels ces tristes observations peuvent s'étendre, on est effrayé de la perte immense qui en résulte chaque année pour l'État et les propriétaires.

Le spectacle offert par les arbres qui bordent nos grandes routes est tout aussi affligeant.

A quoi donc attribuer ce fâcheux état de choses? En d'autres temps, on aurait accusé l'ignorance, la routine; mais est-ce possible aujourd'hui, surtout, en présence des hautes directions sous lesquelles forêts et grandes routes se trouvent placées?

Cependant le mal continue d'exister; si je le signale une fois de plus, c'est que je propose un remède efficace.

Je l'ai dit, il s'agit de l'élagage.

A coup sûr l'idée n'est pas neuve, aucune question n'est même plus rebattue. — Il y a peu d'années encore, en Belgique, pays qu'on nous propose toujours et non sans raison comme modèle, au point de vue forestier du moins, les deux Chambres ont retenti de longues discussions sur cette matière, sans qu'on pût arriver à une conclusion définitive[1].

Chez nous, les auteurs ne sont pas plus d'accord : les uns admettent l'élagage en différant toutefois sur le mode d'application, tandis que les autres le repoussent complétement.

Certains théoriciens vous diront pompeusement qu'il existe une corrélation absolue entre les racines et les branches; que la suppression d'une branche

[1] Voir l'ouvrage de M. Moreau. Bruxelles 1851.

tue nécessairement la racine correspondante. Mais que dire alors des opérations du rabattage des jeunes plantations, du recépage des taillis, de l'écimage des têtards, qui suppriment *toutes* les branches?

Voici une objection plus sérieuse : elle m'a été faite souvent par des marchands de bois, c'est-à-dire par les hommes les plus intéressés à la question et pour cette cause les plus compétents : «Tout arbre élagué a perdu par suite de cette opération 25, 30 ou même 50 pour 100 de sa valeur.» Du quart à la moitié! en d'autres termes, les arbres élagués sont ordinairement atteints de la carie. Je ne le sais que trop, mais cela ne prouve qu'une chose, c'est que ces arbres ont été mal élagués, et rien de plus.

On insiste, on ajoute que les marchands de bois ne consentiront jamais à prendre, sans une notable dépréciation, des arbres portant ces cicatrices qu'ils connaissent si bien sous le nom de *rosettes* ou *miroirs* et qu'ils redoutent, à si juste titre, comme étant l'indice révélateur de défauts intérieurs. Cette prévention est malheureusement très-fondée dans l'état actuel ; on prétend qu'il sera impossible de la combattre victorieusement.

A cela on peut répondre, ce me semble, que le mot de *progrès*, qui se trouve aujourd'hui dans toutes les bouches, trouverait ici une de ses applications les plus justes, et que les marchands seront probablement les premiers à reconnaître et à proclamer avant peu l'immense supériorité des bois traités par nos procédés.

Fig. 1. — Forêt de Villers-Cotterets. — Portion du tronc d'un hêtre attaqué de la carie par suite d'un élagage vicieux ayant produit des trous plus ou moins profonds, dont plusieurs sont remplis d'eau.

Quant à leur répulsion actuelle, on la conçoit aisément en jetant les yeux sur la figure 1, représentant une partie du tronc d'un très-beau hêtre, victime de déplorables mutilations qui semblent donner raison aux adversaires de l'élagage.

Nous leur répondrons toutefois que, bien que moins désastreux, leur système présente encore d'immenses inconvénients. Si un arbre est entièrement abandonné à lui-même, il arrive généralement de deux choses l'une : ou il ne grandit pas et prend la forme communément appelée de *pommier*, les branches basses deviennent énormes, s'étendent démesurément, étouffent le taillis et absorbent la séve au détriment de la cime; encore est-on heureux quand une partie de ces longues branches ne sont pas brisées par les vents, les neiges ou le givre, pour ne plus laisser que de hideux tronçons (fig. 2). De

Fig. 2. — Chêne abandonné à lui-même croissant dans un bon sol sur un taillis aménagé à quatorze ans. — A, Branches mortes. — B, Branches brisées par le vent ou le poids de la neige ou du givre.

tels arbres, fort communs dans les bois coupés jeunes, n'ont jamais qu'une minime valeur et se couronnent avant l'âge. Dans l'autre cas, c'est ce qui a lieu pour les plus beaux arbres et dans les meilleurs cantons, la végétation se porte vers la cime, les branches basses meurent et occasionnent invariablement, quand elles sont grosses, des ulcères qui portent la carie au cœur de l'arbre et lui ôtent toute sa valeur industrielle (fig. 3).

Fig. 3. — Forêt de Fontainebleau. — Portion du tronc d'un chêne ayant perdu toute sa valeur par suite de la décomposition des branches basses, résultant du manque d'élagage.

De grosses branches sont fréquemment brisées par les vents, le givre ou la chute de leurs voisins ; de là encore des plaies souvent énormes, qui amènent un résultat semblable (fig. 4).

Si l'on ne veut pas d'élagage, le mal est sans ressource ; c'est une véritable question de chirurgie, et nous pourrions comparer ceux qui refusent d'y porter remède, à un cultivateur ou à un maître d'usine qui, voyant un de ses ouvriers dont le bras aurait été broyé par les rouages d'une machine, préférerait le laisser mourir de la gangrène plutôt que de confier l'amputation à un habile praticien. Ici la comparaison est toute à l'avantage de l'arbre, qui n'en est pas à un membre de plus ou de moins.

Tout le secret pour obtenir une guérison complète consiste à couper *rez-tronc*. Plusieurs auteurs ont entrevu cette vérité, mais c'est M. de Courval qui l'a affirmée de la façon la plus absolue en l'érigeant en principe, et il a complété sa précieuse découverte en indiquant la substance, le coaltar ou goudron des usines à gaz, à laquelle nous devons le succès d'opérations dont la réussite serait impossible sans son secours[1].

Fig. 4. — Chêne non élagué, atteint de la carie par suite de l'éclat d'une maîtresse branche brisée par le vent.

Formation du bois. — Nous disons que la coupe doit être faite absolument rez-tronc; en voici la raison :

On est assez généralement d'accord sur ce point que la séve a un double mouvement, elle monte des racines aux feuilles pour redescendre élaborée, des feuilles aux racines. Ces dernières ne puisent dans le sol que de l'eau chargée de quelques sels. Cette

[1] Voir p. 94 pour l'emploi du coaltar.

eau, à l'état de séve ascendante, monte aux feuilles dans lesquelles elle subit une transformation : elle s'évapore en partie, absorbe dans l'air différents gaz, notamment l'acide carbonique, dont la base est le charbon, c'est-à-dire le bois. Il est donc vrai de dire que les feuilles puisent dans l'air le principe constitutif du bois[1] et que la séve descendante le charrie à l'état liquide, pour le déposer par couches successives et concentriques, à peu près comme nous voyons dans les grottes, sous les voûtes et sous les ponts, l'eau déposer les sédiments calcaires qui forment les stalactites.

S'il en est ainsi, il suffira, pour obtenir la cicatrisation de la plus large plaie, de l'araser parfaitement, de manière à mettre toutes les parties de sa circonférence en communication avec les feuilles par le réseau des fibres et des vaisseaux destinés à charrier la séve descendante. Cette théorie repose sur les données les plus élémentaires de la physiologie végétale, mais je crois pouvoir dire qu'elle n'a guère été appliquée jusqu'à présent à l'art forestier.

Entre mille exemples qu'on rencontre à chaque

[1] Ces phénomènes de constitution ont lieu particulièrement sous l'influence de la lumière et des rayons solaires. On verra plus loin, p. 73, que la forme que nous donnons aux arbres est précisément celle qui sous ce rapport les met dans les meilleures conditions.

pas, tout le monde n'a-t-il pas pu remarquer que le bourrelet, occasionné par la pression du chèvre-feuille sauvage sur les arbustes qu'il entoure, se forme toujours à la partie supérieure? (fig. 5).

En agissant ainsi que nous l'indiquons, on ne tarde pas à voir un bourrelet de nouveau bois se former d'abord sur les parties supérieures et latérales, puis constituer un anneau régulier autour de la plaie qui arrive, dans la majeure partie des cas, à se cicatriser, quelles que soient ses dimensions, sans qu'il se manifeste la moindre carie.

Fig. 5. — Formation du bois par la séve descendante.

Naturellement, le temps nécessaire à cette guérison complète est proportionné aux dimensions de la blessure et à la vigueur de l'individu sur lequel on l'a pratiquée; mais avec l'application du coaltar on peut le plus souvent compter sur un bon résultat.

Ce principe une fois établi, qu'on peut, sans inconvénient et sans altérer le corps de l'arbre, y faire des plaies même considérables, à la condition toutefois de prévenir la décomposition par les moyens indiqués, il est facile de démontrer qu'il est avantageux de supprimer des branches nuisibles, eussent-elles un certain diamètre. Sans doute, il est préférable d'éviter les grandes plaies en prenant les arbres dès leur jeunesse. C'est ce que font les pépiniéristes et ce qu'on voit pratiquer sur les promenades de Paris. Tous les forestiers sont du même avis sur l'utilité de la conduite des jeunes arbres; mais nous soutenons avec M. de Courval, qui l'a surabondamment démontré par les nombreux et remarquables exemples qu'il a mis sous les yeux du public à l'Exposition agricole de Paris en 1861, comme à l'Exposition universelle de Londres en 1862[1], nous soutenons qu'il est toujours avantageux, qu'il est souvent indispensable d'élaguer les arbres même les plus âgés, à condition toutefois d'agir avec une grande circonspection; et que non-seulement le massif boisé où ils croissent en profite par l'action de la lumière qui lui est rendue, mais que le tronc de tout sujet traité d'après cette méthode acquiert un volume plus considérable et d'une plus grande valeur dans un laps de temps donné, que s'il eût conservé toutes ses branches mal placées. On ne doit d'ailleurs pas oublier que les plus grandes plaies sont toujours le résultat de l'amputation des branches mortes ou en décomposition (fig. 3). Il s'agit, nous l'avons dit plus haut, d'opérations chirurgicales qu'on ne doit dans aucune circonstance faire à plaisir et sans nécessité.

[1] M. Des Cars a produit, à l'Exposition universelle de 1867 à Paris, une série d'échantillons qui lui a valu une médaille d'argent (classe 48, n° 75 à Billancourt).

Revenant à la coupe de la branche, je regrette ici d'avoir à émettre un avis opposé à celui de l'un de nos plus éminents professeurs, M. du Breuil, qui pose comme principe « d'opérer l'amputation de façon que le diamètre de la plaie ne soit pas plus grand que celui de la base de la branche. »

Je le répète, ce mode est désastreux, et toutes les fois qu'une branche d'un certain diamètre sera ainsi coupée[1], on sera parfaitement sûr de produire avant peu une cavité dans le corps de l'arbre.

Inconvénients des modes d'élagage généralement usités. — En effet, s'il est admis, comme je le crois démontré, que c'est la séve descendante seule qui constitue le bourrelet de jeune écorce et de bois nouveau destinés à recouvrir la plaie, la section étant faite suivant le plan représenté par la ligne A B (fig. 6), ce bourrelet ne se formera pas à la partie inférieure

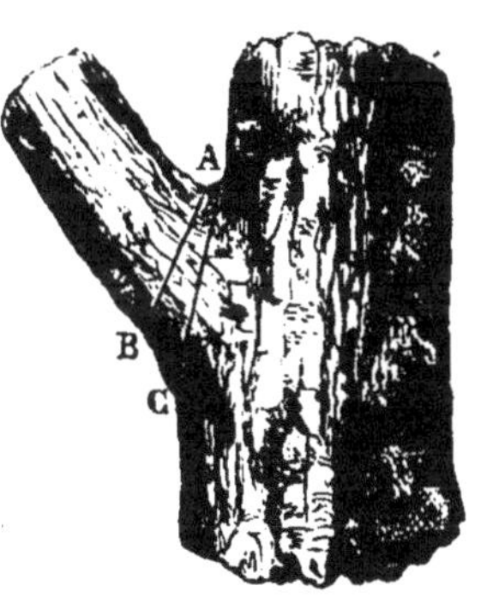

Fig. 6.

[1] Il est vrai de dire que M. du Breuil s'oppose d'une façon absolue à la suppression de toute grosse branche ainsi qu'à la cautérisation des plaies au moyen du coaltar. L'emploi de cette substance sur les arbres des promenades de Paris, quoique récent encore, indique suffisamment qu'elle n'a pas l'action destructive que lui attribue M. du Breuil.

B C, qui ne se trouve pas en communication avec les feuilles; la partie A B C sera bientôt dénudée, entrera en décomposition, et le corps de l'arbre sera inévitablement attaqué par la carie (fig. 7).

Fig. 7. — Chêne attaqué de la carie par suite de la suppression d'une branche moyenne coupée de façon que le diamètre de la plaie ne soit pas plus grand que celui de la base de la branche.

On en trouve de fréquents exemples, à Paris même. Pour n'en citer qu'un seul, je mentionnerai des marronniers plantés depuis peu d'années aux Champs-Élysées, en face du Palais de l'Industrie. Chaque branche coupée a produit un trou; sous l'empire de ce traitement, ces arbres ne tarderont pas à être percés de part en part. En présence de ces dégâts, on conclut toujours qu'il ne faut pas couper de branches d'un certain diamètre, mais on se trompe: il faut simplement les couper rez-tronc et recouvrir la plaie de coaltar.

Sans doute, malgré ces mauvaises pratiques, lorsque les branches sont d'une faible dimension, la plaie se recouvre, il en résulte cependant un inconvénient grave: on voit se former une protubérance qui donne le plus souvent naissance à une foule de rejets (A, fig. 8). Tout le monde sait que ce sont là de mauvaises conditions pour un arbre; elles sont radicalement évitées par la coupe rez-tronc (B, fig. 8).

Si l'expérience, d'accord avec le raisonnement, nous a enseigné qu'il ne faut pas laisser le moindre

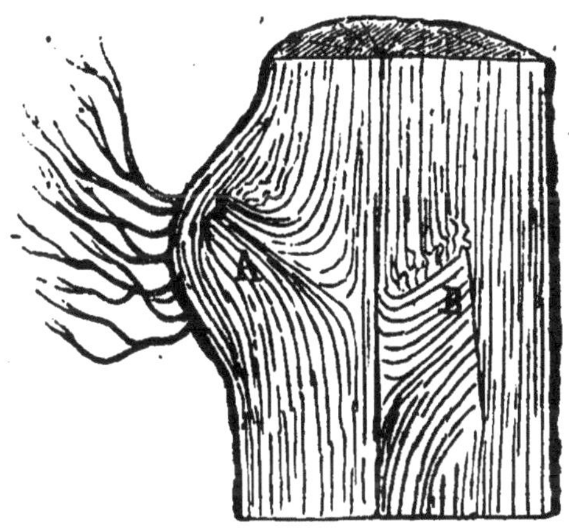

Fig. 8. — Coupe longitudinale du tronc d'un chêne, 20 ans après l'élagage. — A, branche moyenne mal coupée. — B, maîtresse branche bien coupée.

talon lorsqu'on coupe une branche, à plus forte raison est-il déplorable de conserver des chicots de 20 à 50 centimètres, comme on l'a malheureusement enseigné depuis un certain nombre d'années et pratiqué dans les forêts les plus soignées (fig. 9).

Le chicot, privé de communication avec les feuilles, meurt, se dessèche; l'écorce ne tarde pas à tomber, et le tronçon reste comme une cheville implantée dans le corps de l'arbre (fig. 10).

Fig. 9. — Branche coupée à chicot.

Fig. 10. — Branche coupée à chicot. 5e année.

En peu d'années le chicot pourrit (fig. 11) et la carie pénètre jusqu'au cœur.

La figure 12 montre les funestes effets de cette déplorable méthode. Cette vue, on le comprend facilement, devrait avoir pour résultat de dégoûter à jamais d'un tel élagage ceux qui l'ont eue sous les yeux, et pourtant ce mode vicieux a encore de chaleureux défenseurs.

La présente instruction a principalement en vue les arbres forestiers à feuilles caduques et en particulier le chêne, le plus précieux de tous et celui à l'égard duquel existent, relativement à l'élagage, les préjugés les plus défavorables et les plus enracinés

Nous nous occuperons plus spécialement des futaies sur taillis, cet aménagement étant le plus répandu; d'ailleurs nos principes sont applicables sans exception à toute espèce de bois et à tous les aménagements. — Ils intéressent non-seulement les grands propriétaires, mais aussi les plus petits particuliers; car dans une bonne partie de la France, on trouve des arbres disséminés dans les haies, sur les fossés[1], dans les prairies ou sur le bord des chemins, etc. Si donc chacun voulait se persuader qu'il y a pour lui un avantage réel à soigner ses arbres,

Fig. 11. — Branche coupée à chicot. 10e année.

Fig. 12. — Branche coupée à chicot. Chêne carié jusqu'au cœur.

[1] Dans la région ouest de la France, et même en Normandie, on donne le nom de *fossés* à des talus fort élevés et épais souvent de plusieurs mètres; ces talus, formés avec les terres extraites de tranchées appelées *douves*, sont ordinairement plantés.

nous verrions bientôt une notable augmentation du produit du sol. Tel chêne rabougri et abandonné, bon à faire quelques misérables bûches, pourrait en un petit nombre d'années se transformer, et acquérir par la suite une grande valeur. Ajoutons que l'isolement des arbres contribue à leur donner une qualité supérieure, et que l'élagage, d'autant plus facile à leur appliquer qu'ils sont accessibles en tout temps, peut souvent leur faire atteindre les dimensions requises pour les pièces les plus recherchées, celles de marine en particulier.

Sans doute, tous ceux qui auront exécuté ces améliorations ne profiteront pas des résultats, mais nous pouvons leur prédire qu'ils en auront joui par avance, c'est la plus vraie et la plus noble de toutes les satisfactions que de travailler pour ses enfants. Supposons qu'aux alentours de la plus modeste demeure se trouvent un petit nombre d'arbres bien traités, ils constitueront un vrai trésor, la plus sûre de toutes les épargnes, dont la valeur augmentera de jour en jour; et le père de famille pourra fermer les yeux avec la consolation de penser que sa prévoyance a laissé à ses fils le capital nécessaire pour satisfaire aux lourdes exigences du fisc et leur conserver intacte la chaumière qui les vit naître, le patrimoine accru par ses labeurs.

Loin de moi la pensée de supprimer les têtards,

ces taillis de la petite propriété, qui fournissent, à des périodes rapprochées, les fagots et menus bois nécessaires aux usages domestiques et même, au moyen de leurs feuilles, une précieuse ressource pour l'alimentation des bestiaux pendant l'hiver; mais je désire voir auprès d'eux quelques beaux arbres acquérir une grande valeur. L'élévation de leur tige, la régularité de leur tête cesseront, en partie du moins, d'en faire des voisins dangereux pour les récoltes.

Utilité de la conservation des futaies. — Outre l'avantage que chaque arbre tire de l'application de la méthode que je préconise, il est bon de remarquer qu'elle donne la possibilité d'augmenter, de doubler quelquefois le nombre des réserves dans les bois, et cela sans préjudice pour les taillis.

Aujourd'hui on défriche beaucoup de forêts; à part le besoin de jouissances immédiates, qui est un des caractères de notre époque inquiète et incertaine du lendemain, il faut bien reconnaître, en première ligne des causes de cette destruction, l'effet déjà signalé du morcellement indéfini de la propriété.

Dans les bois qui échappent au défrichement, on détruit souvent la futaie sous prétexte d'augmenter le produit par de nouveaux aménagements. Qu'on ne s'y trompe pas, ceux qui agissent ainsi dévorent par avance le patrimoine de leurs enfants, tandis qu'il est certain que, par suite de la rareté des bois et de la multiplicité des besoins, les belles pièces augmenteront toujours de valeur, et dans une immense proportion.

Si donc l'on peut avancer que dans l'état actuel, plus du dixième de la futaie est perdu par suite du manque de soins ou d'opérations mal pratiquées, qu'on peut presque doubler le nombre des sujets réservés, et que de plus on peut tripler, je devrais dire décupler, la valeur des arbres poussant sur les haies et fossés, dans les prairies et le long des routes : on peut facilement en conclure que l'entretien de belles réserves est un des premiers devoirs de la gestion du père de famille et constituera à la fois une bonne spéculation en même temps qu'un service rendu au pays.

Tous les auteurs s'accordent au sujet de l'importance des arbres et de l'influence capitale qu'ils exercent sur le climat, le régime des eaux, la fertilité du sol; indispensables au point de vue économique, ils ne le sont pas moins sous le rapport de la santé de l'homme : ils assainissent l'air que nous respirons en absorbant les gaz devenus impropres à notre existence et les transformant à notre profit; il y va de notre intérêt de conserver les bois et de les multiplier autour de nous.

L'élagage peut-il amener les résultats que je lui

attribue? On en aura la preuve par ce seul fait que les arbres traités par le système éminemment rationnel que je propose, poussent plus vigoureusement, qu'ils conservent leur végétation plus longtemps que ceux du voisinage croissant dans des conditions identiques, et qu'ils sont encore verts quand les premiers froids de l'automne ont jauni ou dépouillé le feuillage des bois environnants.

Aux personnes disposées à penser que je m'abuse, je n'aurai qu'une réponse à faire, je leur répéterai avec M. de Courval : Voyez par vous-même ou envoyez vos hommes d'affaires; la question est grave et en vaut la peine[1]. Mais si tout le monde ne peut pas se déplacer, on peut du moins essayer. C'est le conseil que je donne aux habitants des campagnes; aussi je me hâte d'arriver à l'exposé théorique et pratique du système.

[1] Qu'on visite Pinon, par Anizy-le-Château (Aisne), résidence de M. de Courval, et plusieurs autres forêts du même département.

Quoique offrant des travaux moins anciens, les propriétés suivantes présentent néanmoins des résultats très-concluants :

Sourches, près Coulie (Sarthe), ligne de Brest; Sully-en-Bourgogne, par Épinac (Saône-et-Loire); Colembert, près Boulogne-sur-Mer (Pas-de-Calais); Rozet-Saint-Albin, par Neuilly-Saint-Front (Aisne). Les régisseurs de ces propriétés sont prêts à donner tous les renseignements utiles, comme aussi à recevoir les ouvriers qui seraient envoyés pour étudier le système.

CHAPITRE II.

CONDITIONS D'UN BON ÉLAGAGE.

But et moyens. — Le but de l'élagage est d'élever sur une surface donnée, un hectare de taillis par exemple, le plus grand nombre possible d'arbres de réserve, et de les faire arriver par là promptement à leur maximum de valeur sans nuire au sous-bois; le moyen consiste à favoriser leur végétation, à prolonger leur tronc en lui conservant une grosseur suffisante, de façon que cette futaie n'entrave pas la circulation de l'air et de la lumière nécessaires à la bonne venue du taillis; enfin à éviter, par la forme régulière et l'aplomb donné à la tête de ces arbres, la plupart des graves accidents occasionnés par les vents, le givre et les neiges, qui brisent ou font éclater les plus grosses branches ou bien encore leur enlèvent si souvent une bonne partie de leur valeur en produisant des torsions d'où résultent les maladies bien connues des forestiers sous le nom de *roulure*, *cadranure* etc.

L'arbre forestier le plus parfait, celui dont on doit s'attacher à produire les belles formes, présente un tronc régulier, droit, uni, sans protubérances ni plaies et gardant à peu près le même diamètre jusqu'à la naissance des premières branches, point qui peut varier du tiers à la moitié de la hauteur totale. Sa tête est arrondie, symétrique et bien d'aplomb sur le tronc. Le bois, par suite d'une végétation régulière, est parfaitement sain, de droit fil, d'un bon grain et susceptible d'être employé aux usages les plus recherchés. De tels arbres atteignent nécessairement une très-haute valeur, et pour les former nous employons une taille qui n'est pas sans analogie avec celle que pratiquent les jardiniers pour former ce qu'on appelle communément une quenouille; il y a toutefois cette différence capitale, que le jardinier favorise le développement des branches basses qu'il a intérêt à conserver, tandis que le premier de nos besoins est de diminuer leur vigueur pour porter la végétation vers la cime et obtenir par leur suppression successive la longueur nécessaire au tronc de l'arbre. L'élagage se résume donc en deux opérations principales : suppression de certaines branches, raccourcissement de certaines autres branches.

La taille doit être subordonnée à l'âge du sujet, l'aménagement du massif dans lequel il se trouve, la nature du sol etc.

Il va sans dire que dans les bois abandonnés à eux-mêmes, les chênes sont d'autant plus beaux que l'aménagement est à plus long terme. Dans les anciennes forêts, où l'on va souvent à 30 ans et au delà, les taillis remplissent jusqu'à un certain point l'office de l'élagueur, en empêchant le développement des branches basses et en déterminant l'allongement du tronc. Il n'en est généralement pas de même dans les bois des particuliers, où il existe une tendance croissante et malheureusement forcée à avancer l'époque des coupes; en sorte qu'on voit fréquemment aujourd'hui des taillis abattus à 10 ans, ce qui n'est guère le moyen d'avoir de beaux chênes, car ceux-ci développent d'énormes branches basses qui les empêchent de grandir (fig. 2), en écrasant les taillis. L'élagage seul peut parer à ces inconvénients.

Classement des arbres de réserve en quatre âges principaux. — Les dénominations par lesquelles on désigne les arbres forestiers de réserve varient également suivant les pays. On s'accorde cependant assez communément à donner le nom de *baliveau* au brin de taillis réservé pour la première fois et même après la deuxième coupe, d'où il résulte que nous avons des baliveaux depuis dix jusqu'à soixante ans; il est évident que ceux-ci, approchant du terme de leur croissance en hauteur, doivent avoir la tête plus développée que les premiers. On ne les confondra pas non plus avec les arbres de même âge, qui, ayant vu cinq ou six générations se succéder autour d'eux, pourraient à ce compte être pris pour des anciens.

Il nous a donc semblé que le plus simple serait de diviser approximativement en quatre âges principaux la vie des arbres forestiers et de leur donner les noms suivants qui correspondent avec ceux le plus généralement adoptés :

1° *Baliveau*, jusqu'à 40 ans environ ;

2° *Moderne*, de 40 à 80 ans ;

3° *Ancien*, de 80 à 150 ;

4° Enfin nous appellerons *Vieilles écorces* les arbres plus âgés encore ; leur nombre diminue chaque année.

Fig. 13. — Forme du baliveau.

Cette nomenclature n'a nullement la prétention d'être absolue, car il est souvent difficile de connaître même approximativement l'âge d'un arbre sur pied : le forestier devra donc tenir compte de ses propres appréciations, sans s'éloigner toutefois des prescriptions qui vont suivre :

1° La tête du BALIVEAU doit avoir la forme d'un œuf, ou *ovoïde* très-allongé (fig. 13), bien d'aplomb sur le tronc, qui, dans la plupart des cas, n'excédera pas le tiers de la hauteur totale. Les branches basses serviront à faire grossir l'arbre et à maintenir son aplomb, comme leur raccourcissement les empêchera de prendre un trop grand développement au détriment de la flèche.

Les jeunes arbres des quais et des boulevards de Paris donnent une idée assez exacte de l'aspect que les baliveaux doivent présenter, à l'exception des branches basses, qui sont généralement trop longues. On verra pourquoi (p. 131).

2° La tête du MODERNE (fig. 14) doit offrir un ovoïde moins allongé que celle du baliveau. La longueur du tronc peut varier en général du tiers aux deux cinquièmes de la hauteur totale de l'arbre.

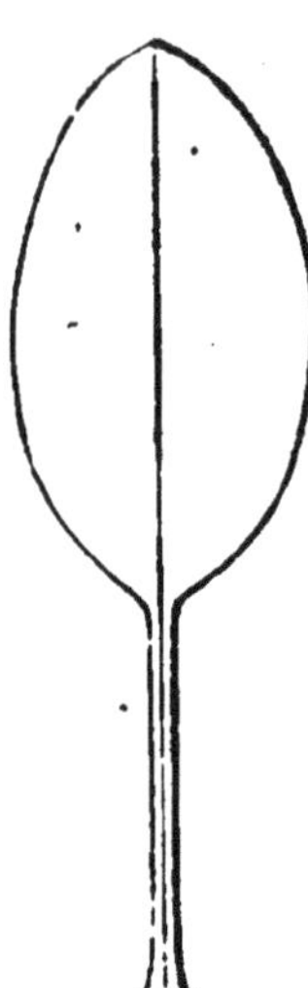
Fig. 14. — Forme du moderne.

3° La tête de l'ANCIEN (fig. 15) commence à s'arrondir, il arrive au terme de sa croissance en élévation et son tronc peut être encore allongé jusqu'à atteindre, dans certains cas, la moitié de la hauteur totale.

4° VIELLES ÉCORCES (fig. 16). Ces arbres ont cessé de grandir, leur tête s'aplatit. Elle est maintenue dans la forme et dans les dimensions nécessaires pour ne pas nuire au taillis environnant et aux jeunes réserves destinées à les remplacer. Ils n'ont plus qu'à grossir; à mesure que les couches annuelles d'accroissement diminuent d'épaisseur, elles augmentent de dureté et de résistance.

Nous reviendrons sur l'élagage propre à chacune de ces catégories.

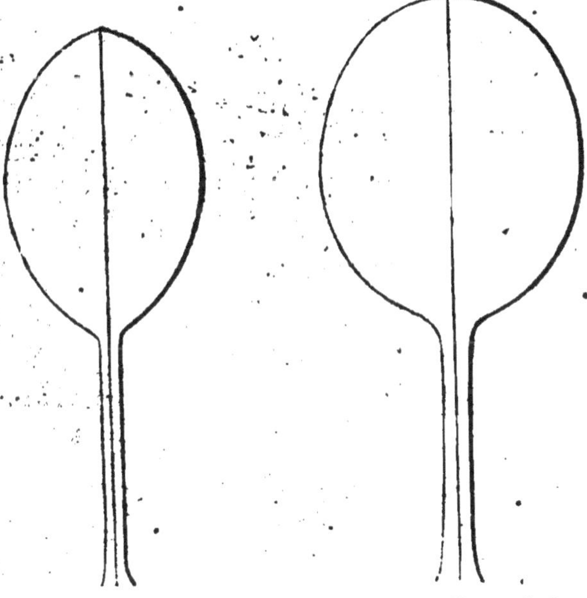

Fig. 15. — Forme de l'ancien.

Fig. 16. — Forme de la vieille écorce.

Ces formes que j'assigne ne sont autres que celles que la nature donne aux plus beaux arbres ; il est bon, du reste, de rappeler que c'est le point de vue utile et non le pittoresque qui nous occupe ici.

CHAPITRE III.

APPLICATION GÉNÉRALE DU SYSTÈME.

Instruments à employer. — L'outil essentiel pour élaguer convenablement est une serpe à lame *droite*. Toute la réussite dépend de la netteté de la coupe, et il est impossible de la pratiquer convenablement avec les différentes serpes à lame courbe en usage dans la plupart des contrées de la France. La meilleure sans contredit est la serpe en forme de couperet (fig. 17), employée depuis longtemps par quelques élagueurs de Flandre et perfectionnée par M. de Courval. Son poids doit être assez élevé; il varie habituellement entre 1250 et 1500 grammes, et peut même le dépasser, suivant la force de l'ouvrier. Pour avoir plus de coup, la lame est renforcée vers le milieu, ce qui conserve le poids sous une moindre surface et rend le tranchant plus solide[1].

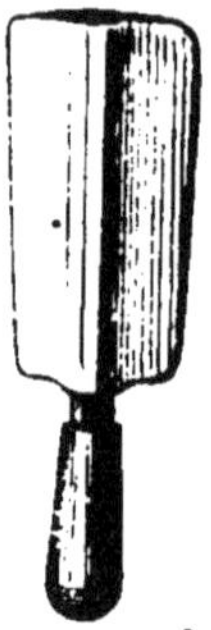

Fig. 17. — Serpe d'élagage renforcée. Modèle flamand perfectionné. Longueur totale 0m,40 environ.

Fig. 18. — Crochet porte-serpe.

[1] On peut se procurer tous les instruments d'élagage chez M. P. Moine-Bourgine, taillandier, 10, rue Saint-Placide, à Paris. Leur bonne qualité et la modération des prix m'en-

L'ouvrier du Nord la porte habituellement suspendue à un crochet de fer (fig. 18) passé dans une courroie bouclée autour du corps (fig. 19). Il est ainsi libre de ses mouvements, mais pendant le travail ce mode de suspension n'est pas toujours sans inconvénients : la serpe peut se trouver accro-

Fig. 19. — Serpe portée en ceinturon.

Fig. 20. — Serpe portée en bandoulière.

chée par quelque branche et tomber ; sans compter la difficulté et le temps perdu pour aller la ramasser, on aurait alors à redouter des accidents s'il se trouvait quelqu'un au pied de l'arbre[1].

gagent à recommander ce fabricant. On trouvera la nomenclature des principaux à la fin de ce volume.

[1] La maison Moine-Bourgine fabrique de nouveaux crochets d'un modèle fort ingénieux à l'aide desquels la serpe ne peut plus tomber.

Lorsqu'on a affaire à des arbres très-élevés et d'un accès difficile, il est donc préférable de passer la courroie en bandoulière; la serpe se trouve suspendue sous le bras et ne risque plus de tomber (fig. 20). En pareil cas, certains ouvriers sont dans l'usage de fixer solidement autour de leur ceinture une corde qui entoure l'arbre et les soutient au besoin.

La hachette est un autre outil très-nécessaire et qui facilite beaucoup la besogne; elle se manie d'une seule ou des deux mains, et sert à abattre les grosses branches, les protubérances cariées, les chicots desséchés, lesquels sont souvent d'une extrême dureté et peuvent émousser ou ébrécher le taillant de la meilleure serpe.

Enfin la scie peut rendre de grands services, notamment pour enlever de gros chicots, mais elle exige une grande habitude, en sorte qu'on ne doit pas la recommander indifféremment à tous les élagueurs.

Échelles. — Chaque ouvrier doit être muni d'échelles légères et proportionnées à la hauteur du tronc des arbres sur lesquels il doit opérer; il est important qu'elles soient un peu plus larges à la base qu'au sommet. M. de Courval recommande d'en appointir les montants, par en bas, pour les empêcher de glisser sur le sol; c'est une excellente précaution, mais elle ne suffit pas, car il est indispensable de maintenir le sommet de l'échelle à l'aide d'une forte corde qui embrasse le tronc de l'arbre et s'oppose à ce qu'elle tourne ou à ce qu'elle soit renversée par la chute des branches (fig. 21). Le métier d'élagueur serait très-dangereux s'il n'était exercé avec la plus grande prudence; mais en observant les précautions que nous indiquerons, on se préservera facilement des accidents.

Fig. 21. — Échelle maintenue au tronc de l'arbre par une corde. Au dernier barreau est suspendu le vase de coaltar.

Des griffes ou éperons. — Sauf de très-rares exceptions, quand il s'agit de traiter des arbres gigantesques, on ne doit jamais se servir de ces griffes ou éperons employés par certains élagueurs nomades, que je conseillerai toujours de repousser.

Ces hommes, payés à tant par pied d'arbre ou en raison du bois qu'ils abattent, n'ont qu'un but, savoir de couper le plus rapidement possible la plus grande quantité de bois; ils sont généralement recherchés par les fermiers auxquels leurs baux accordent le produit de l'élagage. Ceux-ci ont un double intérêt à faire ainsi mutiler les arbres : le premier, de se procurer du bois ; le second, d'éviter à leurs récoltes un ombrage plus ou moins préjudiciable. Plus l'arbre souffrira, moins il les gênera ; que leur importent sa valeur et sa conservation ?

L'usage des griffes, même employées par des hommes moins dangereux, doit donc être proscrit toutes les fois qu'il y a moyen de se servir d'échelles, tout particulièrement sur les arbres jeunes dont l'écorce morte ou liége n'a pas acquis une épaisseur suffisante pour pouvoir supporter impunément l'atteinte de ces horribles pointes de fer ; elles détermineraient une foule de plaies, dont le moindre inconvénient serait de favoriser le long du tronc le développement d'une multitude de rejets parasites. De plus, la trace de ces griffes se retrouve toujours dans le bois, même après de longues années, et en déprécie singulièrement la valeur.

L'ouvrier chargé d'élaguer un bois doit être bien pénétré de l'importance des intérêts qui lui sont confiés. C'est de lui que dépend l'avenir : son travail, selon qu'il est bien ou mal exécuté, devient la plus utile ou la plus désastreuse des opérations. Voilà pourquoi de très-habiles forestiers en sont arrivés à répudier l'élagage ; mais leurs craintes sont exagérées et rien n'est plus facile que d'écarter les graves inconvénients que nous avons signalés.

Avant tout, l'élagueur examinera d'en bas et avec attention l'arbre sur lequel il va opérer, il en fera le tour à une certaine distance, afin de se rendre bien compte des branches principales qu'il doit raccourcir ou supprimer pour atteindre la forme voulue.

Au premier abord cela peut embarrasser les personnes tout à fait novices. J'ai donné le nom de *dendroscope* à un petit instrument bien simple et dont la figure 22 montre l'emploi. Il consiste en une planchette ou un morceau de carton, une carte à jouer par exemple, dans lequel on a découpé un vide traversé de haut en bas par un fil et semblable à la figure qui représente la forme indiquée pour la catégorie à laquelle l'arbre appartient (fig. 13, 14, 15 et 16). On le place à la hauteur de l'œil en regardant l'arbre de manière à faire coïncider la base avec le pied et le haut avec le sommet de l'arbre; il est ainsi très-aisé de voir au premier coup d'œil quelles sont les principales opérations à faire. Un dendroscope est placé à la fin du volume.

Se rappelant que dans les circonstances habituelles la première condition de beauté et de vigueur d'un arbre est qu'il soit vertical[1], et que la tête, bien d'aplomb sur le tronc, soit équilibrée de ma-

[1] La ligne verticale est celle qui suit la direction du fil à plomb.

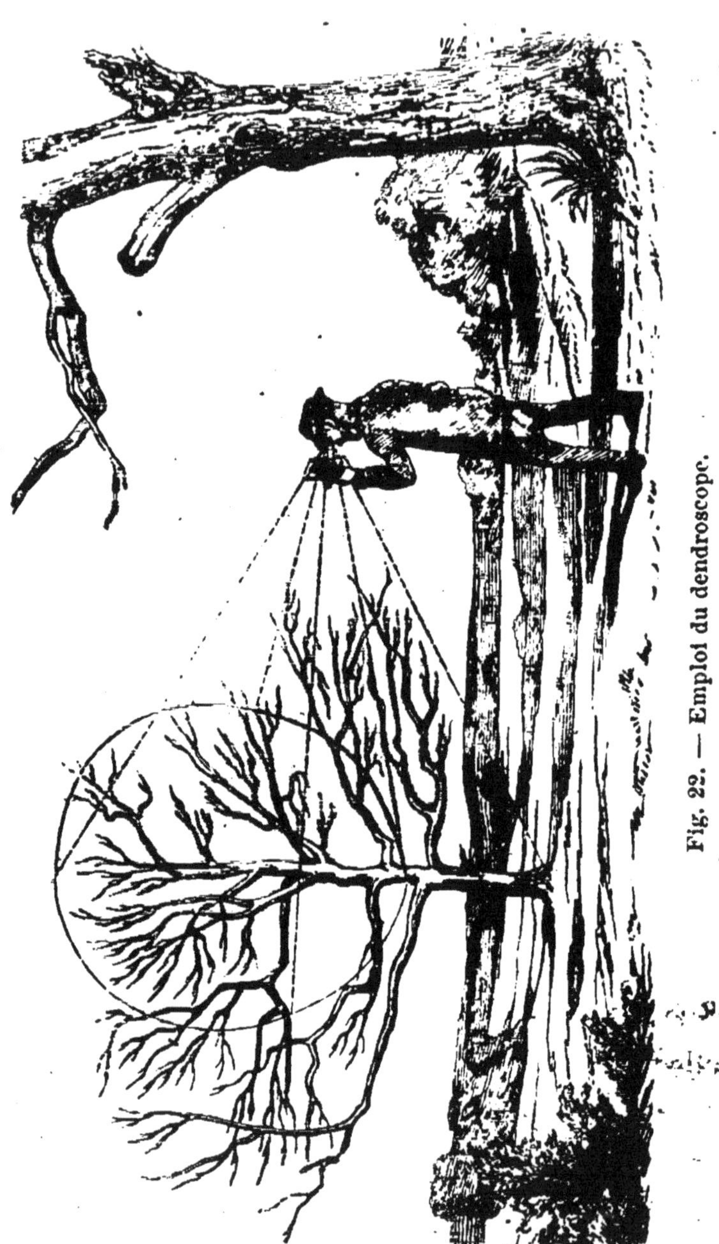

Fig. 22. — Emploi du dendroscope.

nière à ne l'entraîner ni d'un côté ni de l'autre, tous ses efforts tendront à établir cet équilibre.

La tête, dont la hauteur est, dans un même sol, subordonnée à la grosseur du tronc et à l'époque où a été commencé l'élagage du sujet, doit toujours avoir

Fig. 23. — Chêne de soixante ans environ. Établissement de la flèche au moyen d'une branche verticale d'aplomb sur le tronc.

la forme ovoïde, ainsi qu'il a été dit précédemment.

Choix de la flèche. — De là il résulte qu'il faut choisir, pour former la flèche, celle des branches verticales du sommet qui est plus d'aplomb sur le tronc, et je dirai comme règle absolue, du moins pour les baliveaux et les modernes, *que toutes les fois qu'une branche verticale de la cime* (fig. 23) *se trouve d'aplomb sur le tronc ou même sur un point quelconque du tronc, elle doit être conservée comme flèche unique.*

Il est complétement indifférent que ce soit la flèche primitive ou une branche secondaire. On raccourcit toutes les autres branches à son profit, pour former la charpente de l'arbre, qui se redressera en peu d'années de façon à surprendre tous ceux qui n'ont pas été témoin des effets d'un élagage raisonné, mais dont on se rendra compte facilement en se rappelant les résultats obtenus par les jardiniers, qui élèvent des tiges parfaitement droites, tout en rabattant chaque année la tête de leurs arbres fruitiers.

Si aucune des branches verticales de la cime n'est d'aplomb sur le tronc, on en conserve deux, trois ou plus, de manière à former une tête dont l'ensemble offre bien ce caractère (fig. 24). Si l'arbre est encore jeune, baliveau ou moderne, il faut tâcher d'établir cet enfourchement au-dessus du tiers au moins de la hauteur qu'il est supposé devoir atteindre.

En montant sur l'arbre, l'ouvrier, après avoir solidement fixé son échelle à l'aide de la corde suspendue au dernier barreau, a soin d'enlever le long du tronc toutes les petites branches mortes ou vivantes qui pourraient le gêner dans ses mouvements, ou seraient incapables de le supporter; car il suffirait, pour déterminer une chute dangereuse, qu'il mette en descendant le pied sur une branche pourrie ou trop faible.

Fig. 24. — Tête irrégulière, chêne auquel il n'est pas possible de constituer une flèche.

Raccourcissement des branches charpentières. — Arrivé au sommet de l'arbre, car c'est toujours par là qu'il faut commencer, l'élagueur forme donc sa flèche avec la branche choisie, et constitue la tête avec cette flèche unique, ou avec plusieurs branches s'il n'a pu faire mieux. Il raccourcit ensuite les branches charpentières trop longues, et surtout celles qui se rapprochent de la direction verticale et que l'on nomme avec raison *gourmandes*, parce qu'elles prennent une vigueur excessive aux dépens de la flèche. On voit que le point à choisir pour opérer le raccourcissement est celui où la branche devient verticale (A et B, fig. 25).

Fig. 25. — Double raccourcissement de la branche charpentière. — A, Branche gourmande. — B, Branche secondaire. — C, Branche d'appel.

Autant que possible, ce raccourcissement doit s'opérer au delà du point de départ d'une ou de plusieurs branches secondaires; celles-ci, à leur tour, subissent la même opération si on le juge nécessaire, au delà d'un rameau, de façon à changer complétement la direction de la branche et à diminuer sa vigueur pour la reporter dans la flèche au profit de l'arbre tout entier.

Branches d'appel. — On donne le nom de

branche d'appel, rameau d'appel, à la branche, au rameau ou, à défaut, au bourgeon conservé à l'extrémité de la branche raccourcie. Son nom indique ses fonctions, qui sont d'attirer, d'appeler la séve nécessaire à la végétation. Quelquefois la longueur des branches est telle qu'il est impossible à l'élagueur d'atteindre le point où se développent les rameaux d'appel. Pour le chêne, qui bourgeonne très-facilement, cela n'a pas grand inconvénient, si ce n'est pour le coup d'œil; et pourvu que la portion de branche conservée soit d'une certaine longueur, de 3 à 5 mètres par exemple, si elle est volumineuse et sur un gros arbre, on est toujours assuré qu'il se développera une quantité de bourgeons bien suffisante pour entretenir la végétation. — Il n'en est pas de même sur le hêtre, qui bourgeonne beaucoup moins que le chêne; il faut donc toujours, sur cet arbre, opérer le raccourcissement au delà de branches ou rameaux d'appel bien établis.

Suppression de l'une des doubles branches. — Lorsqu'une branche est double près du tronc ou *géminée*, la base grossit toujours trop. On supprimera l'un des bras A (fig. 26); mais, par contre, si les ramifications sont nuisibles près du tronc, elles sont nécessaires à l'extrémité des branches. Toutes les fois qu'on le peut, les branches raccourcies doivent, par conséquent, se terminer par des fourches horizontales, ce qui leur conserve un aspect naturel et divise la séve en prévenant le développement de pousses trop vigoureuses, qui, se redressant, seraient le point de départ de nouvelles flèches ou de branches gourmandes. La même raison

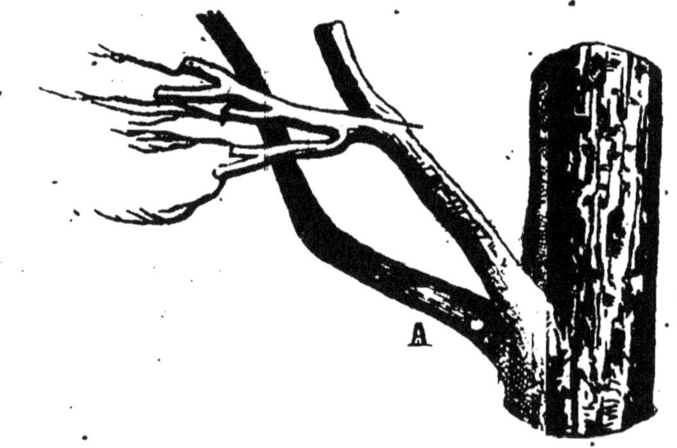

Fig. 26. — Suppression de l'une des doubles branches A. — Conservation de fourches horizontales à l'extrémité des branches raccourcies.

oblige d'abattre toutes les branches ou rameaux ayant une direction verticale ou insérés au-dessus de la branche raccourcie, pour éviter leur tendance à prendre un trop grand développement au détriment de la flèche (fig. 27).

Cette prescription, très-essentielle pour les jeunes arbres, n'a pas le même intérêt quand il s'agit de sujets âgés chez lesquels l'ampleur de la tête s'oppose au développement des branches gourmandes;

il faut, au contraire, chez ces derniers, prolonger avant tout l'existence des branches raccourcies.

Il est presque superflu de dire qu'on ne doit conserver que les branches charpentières dirigées vers l'*extérieur* de l'arbre, et que celles qui par une

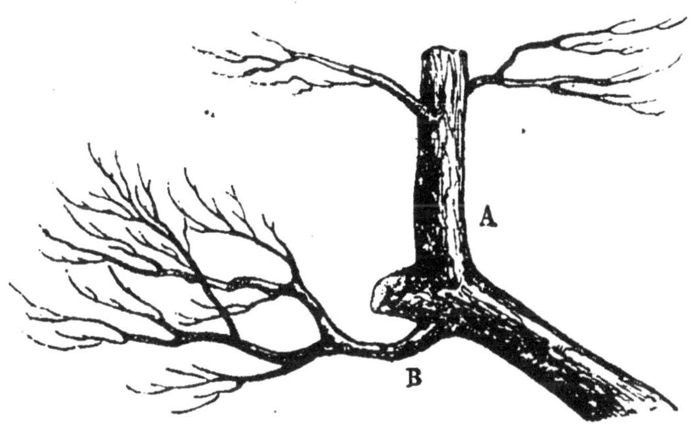

Fig. 27. — Inconvénient de la conservation d'un rameau sur le essus de la branche raccourcie. — A, Rameau conservé sur le dessus et ayant pris un développement exagéré. — B, Rameau d'appel conservé en dessous et suffisant pour entretenir la végétation de la branche sans lui donner trop de vigueur.

cause quelconque se replient vers l'intérieur de la circonférence, doivent être retranchées, de même que celles qui sont trop pendantes; le plus souvent il suffira de raccourcir les unes ou les autres pour leur donner une bonne direction.

Lorsque plusieurs branches se sont développées à la même hauteur et forment ce que les botanistes appellent un *verticille*, on évitera de les supprimer toutes en même temps, afin de ne pas entamer l'écorce sur une trop grande surface, ce qui nuirait à la circulation de la séve. On ne doit en couper qu'une ou deux à la fois, pour y revenir quand les premières plaies seront recouvertes.

Tout en descendant, l'ouvrier a soin d'enlever le bois mort ou mourant, dont la présence est toujours une cause d'altération pour l'arbre; il y aurait aussi grand avantage, surtout pour les jeunes réserves, à faire tomber avec le dos de la serpe les lichens et végétations parasites situés sur la flèche et sur le tronc. Le plus dangereux des parasites, le gui, doit être toujours abattu, mais on ne réussit à s'en débarrasser qu'en retranchant la portion de branche qui le porte.

Je ne saurais trop insister sur la nécessité de commencer l'élagage par le sommet de l'arbre : c'est le seul moyen d'étager bien régulièrement les branches; mais il est un motif plus sérieux encore, celui de la sécurité de l'élagueur.

Un moment d'oubli de cette recommandation, cent fois renouvelée, a failli récemment amener un grand malheur. Un excellent ouvrier terminait la taille d'un hêtre, il ne lui restait plus qu'à raccourcir deux branches assez minces, mais très-longues (A et B, fig. 28); il eut la mauvaise inspiration de couper d'abord la plus basse; les rameaux de l'extrémité se trouvant enchevêtrés, la branche B en tombant entraîna la branche A, qui se brisa sous le poids de la première, et, frappant l'élagueur à la tête, lui fit une grave blessure et le précipita d'une hauteur de sept à huit mètres.

Fig. 28. — Danger de couper les branches inférieures avant celles de dessus.

Heureusement cette chute n'amena que des contusions, mais le malheureux pouvait être victime de son imprudence.

Bois exposés au vent de mer. — Dans certaines régions soufflent des vents dominants, surtout sur les bords de la mer; leur influence se fait même sentir à une grande distance des côtes. Le chêne les supporte assez difficilement, quelques essences, telles que l'orme et le hêtre, y résistent beaucoup mieux et servent d'abri aux autres espèces; aussi est-il d'usage en pareil cas de laisser, autour des bois, des bordures qu'on ne coupe jamais : les meilleures sont composés d'aubépine, de charme et de hêtre. L'épine garnit le pied, le charme et le hêtre atteignent une assez grande élévation et protègent la cime des arbres voisins, mais à côté de ces avantages, ces bordures, abandonnées à elles-mêmes, s'étendent dans la direction du bois (fig. 29) et l'empêchent de croître sur une zone assez large.

De ce côté, il y a lieu d'opérer le raccourcissement des branches aux points indiqués sur la figure. L'équilibre est ainsi rétabli, les arbres de bordure n'en deviennent que plus vigoureux et ne gênent plus le développement de ceux qui les avoisinent.

Du côté du vent, il faut toujours les ménager beaucoup et se contenter la plupart du temps de retrancher les parties mortes ou mourantes.

On remarquera ce jeune baliveau, A (fig. 29), dont l'inclinaison n'est plus déterminée par l'action du vent, mais par une cause entièrement différente et qu'il importe de ne pas confondre avec la première : celle de l'ombrage, qui le force à aller chercher au loin les rayons solaires nécessaires à sa vie.

Fig. 29. — Bordures des bois exposés aux vents de mer. — A, Baliveau incliné par suite de l'ombrage des arbres de bordure.

L'abandon ou le raccourcissement insuffisant des branches basses occasionne souvent sur un même arbre des résultats analogues. La figure 30 en offre un exemple. La branche A, placée du côté du soleil et insuffisamment raccourcie, a pris un déve-

Fig. 30. — Arbre dévié de son aplomb par suite du raccourcissement insuffisant des branches basses.

loppement énorme; la flèche et les autres branches ont été forcées de s'étendre en sens opposé pour chercher la lumière qui leur était interceptée par l'ombre de la branche A, l'aplomb a été détruit et l'arbre s'est incliné; il aurait suffi, pour éviter ce grave désordre, que la branche eût été raccourcie à la première fourche, au point B.

Branches coupées rez-tronc. — La plupart des branches basses, raccourcies comme on l'a dit précédemment, sont destinées à être supprimées au retour des coupes jusqu'à ce que l'arbre ait atteint les proportions voulues; le nombre en est variable puisqu'il dépend de la hauteur du sujet, de la qualité du sol, de l'aménagement du bois et de l'époque de sa vie à laquelle l'arbre a subi son premier élagage. Il faut toujours procéder avec une grande prudence, à moins que ces branches ne soient très-minces, auquel cas leur suppression est sans inconvénient; mais il n'en est pas de même si leur diamètre est plus fort.

Nous fixerons donc, d'après M. de Courval, à trois au plus le nombre des branches à couper rez-tronc, lorsqu'elles atteignent une moyenne grosseur; si elles sont énormes, on devra se contenter de deux, d'une seule même, ce qui, joint à l'amputation obligée des parties mortes ou mourantes et des vieux chicots en décomposition, déterminera sur le corps de l'arbre des plaies qu'il importe de ne pas multiplier sans nécessité.

On sait de quelle importance capitale sont le redressement et l'équilibre de l'arbre; on les obiendra en supprimant de préférence les branches mal placées et principalement celles qui croissent dans le voisinage des coudes.

Toutes les fois qu'on est amené à retrancher une branche grosse et longue, il est indispensable de la couper en deux ou plusieurs fois, en conservant, avant d'attaquer la base, un tronçon d'un mètre environ. Cette précaution aura pour résultat d'obvier

Fig. 31. — Danger auquel on s'expose en coupant d'une seule fois une branche grosse et longue. — A, Point où la branche doit être coupée. — B, Branche coupée imprudemment et revenant sur l'ouvrier.

aux déchirements profonds ou à l'enlèvement de lambeaux d'écorce, mais surtout de prévenir de graves accidents presque inévitables, si la branche est abattue en une seule fois; car son extrémité, en tombant à terre, fait souvent ressort, et revenant sur l'ouvrier, peut l'écraser ou tout au moins le renverser et briser son échelle (fig. 31).

On sait que toutes les plaies faites le long du tronc doivent être parfaitement nettes et aussi verticales que possible, conditions indispensables de prompte cicatrisation et de parfaite circulation de la séve.

On commencera toujours la coupe par une entaille en dessous (A, fig. 32). Cette première entaille doit atteindre le milieu de la branche; une seconde entaille B se fait alors sur le dessus, mais plus loin du corps de l'arbre. C'est le seul moyen d'éviter tout à fait les éclats. Quel que soit l'outil employé, la hachette, la serpe ou la scie, l'ouvrier doit toujours terminer son opération en parant la plaie au moyen de la serpe qu'il prend à deux mains; tenant le manche de l'une et l'extrémité de la lame de l'autre, il s'en sert comme d'une plane pour enlever toutes les aspérités, de telle sorte qu'on ne puisse plus en sentir aucune en passant la main dessus (fig. 33).

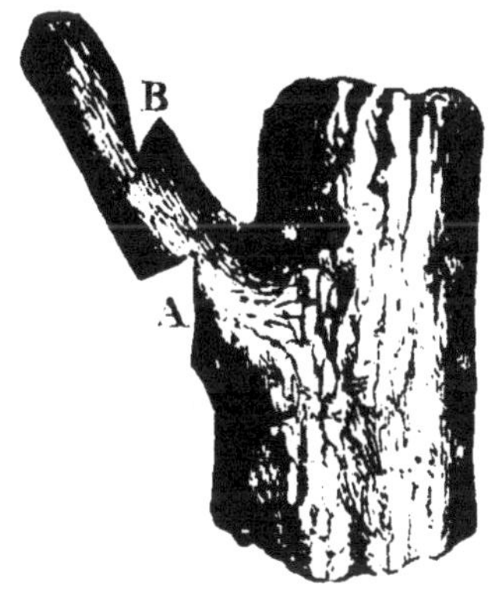

Fig. 32. — Moyen d'éviter les éclats en pratiquant des entailles quand il s'agit d'abattre une grosse branche.

Pansement au coaltar. — L'élagage terminé, une couche de coaltar est appliquée au pinceau sur toutes les plaies situées le long du tronc ou de la flèche. Sur les branches on peut s'en dispenser, quoique cette pratique soit toujours avantageuse.

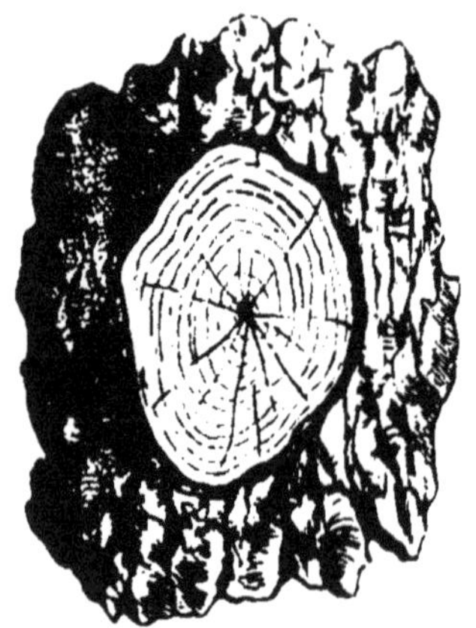

Fig. 33. — Aspect de la coupe rez-tronc d'une maîtresse branche.

On comprendra l'insistance avec laquelle nous recommandons tous ces soins, minutieux en apparence, si l'on pense que c'est sur leur application que repose tout le succès de l'élagage, par conséquent l'avenir des forêts; car une coupe parfaitement nette et verticale — autant que la conformation de l'arbre le permet — se recouvre très-rapidement d'un bois sain et de droit fil, tandis qu'une plaie mal faite ne se recouvre jamais, pourrit les arbres jusqu'au cœur, ou tout au moins en altère sensiblement la valeur.

On objecte souvent que, même en admettant le recouvrement complet et sans carie, il n'y a jamais reprise de la section avec le bois de nouvelle formation, qu'il reste par conséquent toujours un défaut qui nuit à la qualité de la marchandise. Sans doute, il n'existe pas de soudure, mais quand la coupe a été bien exécutée, la juxtaposition est parfaite, et l'on ne retrouve qu'une fente dont on ne doit pas s'exagérer les inconvénients, bien moins graves, dans tous les cas, que les funestes et inévitables résultats de l'abandon ou des mauvaises opérations (fig. 8).

Ici je laisserai parler M. de Courval : « Un simple examen suffira, dit-il, pour démontrer qu'entre la surface coupée net et pansée au coaltar et les nouvelles fibres d'accroissement qui la recouvrent immédiatement, il reste à peine un faible écartement ou fissure presque imperceptible et ayant beaucoup d'analogie avec les fentes ou gerçures naturelles provenant de la dessiccation, lesquelles se développent sur de bien autres proportions, sans rien ôter au bois d'œuvre, comme tout le monde le sait, de son élasticité, de sa force ou de sa souplesse, et sans qu'aucune partie appréciable du bois destiné à l'industrie ait le moins du monde à en souffrir. » M. de Courval est autorisé à tenir ce langage, car tout le monde a pu remarquer à l'Exposition agricole de Paris en 1862, comme à l'Exposition universelle de Londres en 1861, les nombreux exemples qu'il a soumis à l'appréciation du public. M. de Courval et M. Des Cars ont obtenu des récompenses à l'Exposition universelle de 1867. (Note de l'auteur.)

Les indications qui précèdent étant communes à

tous les arbres, nous allons parcourir rapidement les quatre âges principaux que nous leur avons assignés et mentionner les soins particuliers à chacun d'eux.

CHAPITRE IV.

ÉTUDE DES QUATRE AGES DES ARBRES DE RÉSERVE.

BALIVEAU. — Il est évident que, si les arbres sont conduits dès leur jeunesse comme on le fait dans les pépinières, ils profiteront d'autant plus; un garde soigneux et dévoué pourra améliorer considérablement le bois confié à sa surveillance, en pratiquant chaque année, sur les jeunes sujets susceptibles de former un jour des réserves, les raccourcissements et suppressions indiqués. La besogne de l'élagueur sera singulièrement facilitée par cette préparation, mais celle-ci ne peut-être exigée que le long des routes et dans les endroits d'un accès commode ; nous considérons donc les baliveaux comme ayant été complétement abandonnés jusqu'au moment de la coupe.

Dans les bois exploités très-jeunes, de dix à quinze ans par exemple, les baliveaux sont souvent grêles, dépourvus de branches inférieures et exposés à s'incliner sous le poids du feuillage de la cime.

S'ils sont trop faibles pour supporter une échelle,

on doit les abaisser à la main ou avec un crochet, pour décharger la tête en raccourcissant toutes les branches de manière a les mettre bien en équilibre, et en laissant l'arbre garni, s'il se peut, à partir du tiers de sa hauteur.

Si la flèche est morte, si elle n'est pas bien formée ou si elle penche à droite ou à gauche, il ne faut pas hésiter à supprimer la partie inclinée, en ayant soin de redresser une branche vigoureuse prise à quelque distance au-dessous de la section, 50 centimètres par exemple, plus ou moins, et maintenue en guise de tuteur par l'extrémité conservée, à laquelle on aura soin de laisser quelques rameaux d'appel, qui serviront en même temps de liens pour fixer la flèche nouvelle (fig. 34).

Fig. 34. — Formation de la flèche d'un baliveau de douze à quinze ans.

Pour ces opérations, on peut faire usage d'une petite échelle semblable à l'une des parties d'une échelle double, c'est-à-dire large du bas, étroite par le haut et supportée par un montant.

Si, malgré tout, le baliveau n'a pas la force de demeurer bien d'aplomb, il est nécessaire de le maintenir à l'aide d'un étai fourchu et incliné, qu'on dispose du côté où l'arbre penche, en n'oubliant pas d'empêcher le frottement, et de ménager l'écorce par le moyen d'un coussin d'herbe ou de mousse, ou mieux encore d'un tampon de paille (fig. 35).

Fig. 35. — Baliveau de douze à quinze ans maintenu dans la direction verticale.

Sans doute, il serait excellent de mettre de bons tuteurs aux baliveaux trop faibles, mais dans les bois ce n'est guère praticable.

Lorsque les taillis sont exploités moins jeunes, le baliveau est plus aisé à traiter : il peut supporter l'échelle, et il a moins de mauvaises chances contre lui.

La branche verticale la plus d'aplomb sur le tronc servira toujours à constituer la flèche; les branches trop longues, confuses, ou celles qui ont une mauvaise direction, sont équilibrées et distancées de façon à donner à la tête de l'arbre la forme voulue, c'est-à-dire très-allongée, qu'on se le rappelle, pour éviter l'emportement des branches basses et aussi pour maintenir le centre de gravité (fig. 36). J'ajouterai, mais à titre d'indication seulement, que, sur un baliveau de vingt ans, les raccourcissements se pratiquent en moyenne à 1 mètre de la tige, non compris les branches ou les rameaux d'appel.

Dans les terrains médiocres, lorsque le sous-sol est imperméable, et sous l'influence d'une foule d'autres circonstances, telles que la privation de lumière par suite de l'ombrage des arbres voisins, on rencontre des baliveaux dépourvus de flèche.

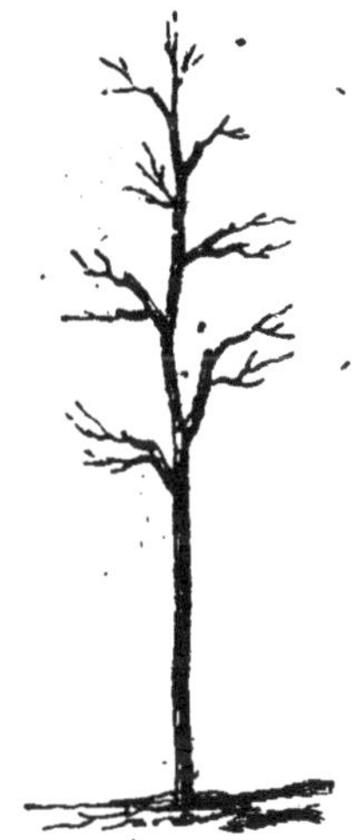

Fig. 36. — Baliveau de vingt ans.

Fig. 37. — Formation de la flèche des baliveaux par le redressement d'une des branches.

Dans la plupart des cas on peut en constituer une en redressant une branche, soit à l'aide de harts assujetties à l'une des branches raccourcies (fig. 37), soit plus simplement encore, en tordant une petite branche autour de celle qu'on redresse (fig. 38).

Cette flèche nouvelle prendra un développement remarquable et ne tardera pas, dans la plupart des cas, à changer l'aspect de l'arbre, qui, en peu d'années, de rabougri et chétif (fig. 39) qu'il était, deviendra droit et vigoureux.

Si un baliveau est fourchu, on doit raccourcir

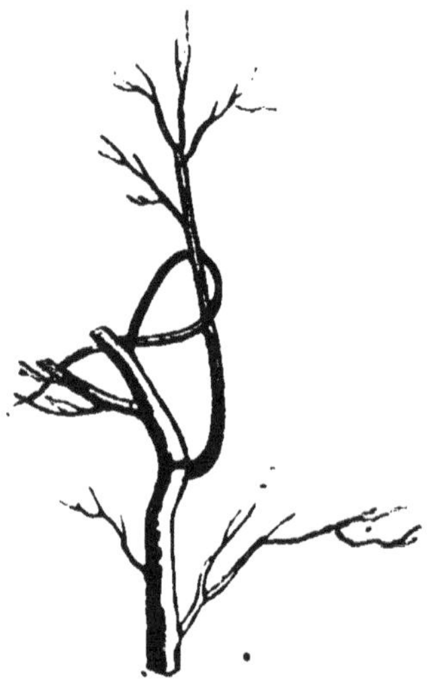

Fig. 38. — Formation de la flèche des baliveaux par le redressement d'une des branches.

Fig. 39. — Baliveau de vingt à trente ans, mal venant. Premier élagage.

une des flèches et conserver toujours celle qui est le mieux d'aplomb sur le tronc, que ce soit ou non la plus longue ou la plus forte. Un lien solide la maintient au besoin dans la direction verticale; mais il faudra avoir toujours le soin de ménager les écorces (fig. 40.)

Baliveaux inclinés. — Avant l'époque de l'élagage, le forestier a souvent la douleur de voir ses plus beaux baliveaux inclinés jusqu'à terre. La chute des arbres voisins lors de la coupe, ou le poids du feuillage de leur propre tête dans le courant de l'été suivant, produisent également ce fâcheux résultat.

Fig. 40. — Suppression de l'une des flèches d'un baliveau double.

Toutes les fois qu'on le peut, il faut les redresser et les fixer à l'aide d'un fil de fer à un arbre voisin, à une branche et non pas au tronc, car le fil de fer couperait l'écorce et pourrait nuire à un gros arbre pour le bien d'un jeune. Par la même raison, le fil de fer doit être attaché à une branche, et jamais, autant que possible, à la tige du baliveau.

S'il est impossible de redresser ce dernier (fig. 41), il ne reste qu'un moyen pour éviter de le couper au pied, c'est de le rabattre à quelque distance de la courbe occasionnée par l'inclinaison de la tête, au point A, de cinquante centimètres à un mètre par exemple, et au-dessus d'un rameau C, qui, tout en empêchant le tronçon de périr, servira de lien pour maintenir dans la direction verticale la jeune branche B, destinée à former une nouvelle flèche.

Le tronc se relève, on le soutient au besoin à

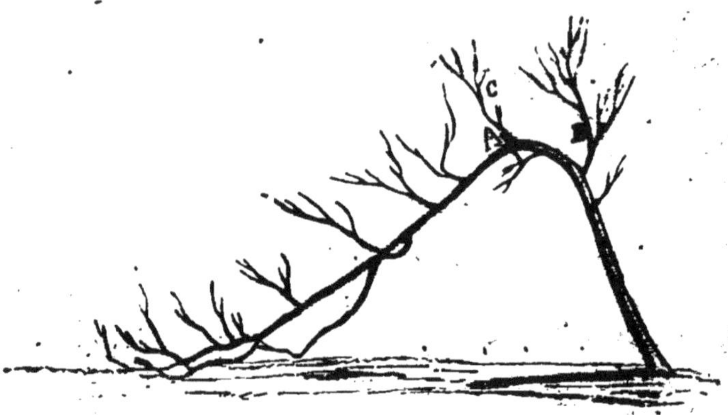

Fig. 41. — Baliveau incliné.

l'aide d'un étai fourchu (fig. 42) et il ne tarde pas, s'il est d'ailleurs dans de bonnes conditions, à devenir un très-bel arbre.

Il faut d'autant moins négliger toutes ces pratiques, que nous avons insisté sur l'utilité d'augmenter le nombre des réserves dans les coupes.

Fig. 42. — Redressement d'un baliveau incliné.

Difficulté de trouver dans les coupes le nombre voulu de baliveaux. — Malheureusement il est un fait incontestable, c'est qu'il est souvent impossible de trouver une quantité suffisante de baliveaux, tandis qu'il est constant, d'après le témoignage de tous les vieux bûcherons, qu'il y a cinquante ans encore, on en rencontrait en abondance dans la plupart de nos forêts.

A quoi attribuer cette disparition subite? On ne peut admettre un soudain appauvrissement du sol; cette rareté croissante des baliveaux de chêne ne serait-elle pas due à l'éloignement du bétail? Serait-il absurde de prétendre que le piétinement des bestiaux, admis au pacage dans les taillis défensables, enterrait le gland à une profondeur suffisante, lui donnait une fumure, le mettait, en un mot, dans des conditions éminemment favorables à la germination? Sans vouloir m'éloigner de mon sujet de l'élagage, je livre cette simple observation aux hommes compétents.

Ce qui est sûr encore, c'est qu'à l'heure qu'il est les baliveaux de chêne ne manquent pas dans les bois fréquentés par les cerfs, les sangliers et dans ceux où les porcs vont à la glandée.

Tous les naturalistes reconnaissent l'action incessante du règne animal dans la production des plantes de toute espèce, des insectes dans la fécondation, des oiseaux dans les ensemencements et en particulier dans les ensemencements forestiers.

L'homme, lorsqu'il prétend se faire conservateur, n'agit-il pas souvent dans un sens contraire au but qu'il se propose, en détruisant ou en éloignant aveuglément de précieux et innocents agents de propagation? La grande question est d'agir avec une sage mesure.

Baliveaux sur souche. — Quoi qu'il en soit, le manque de baliveaux francs de pied force en maintes circonstances les forestiers à conserver des sujets qui ne sont que des brins de taillis sur souche. Ce mode est généralement réprouvé, mais il est souvent inévitable pour atteindre le nombre voulu. Il y aurait alors presque toujours avantage à conserver plusieurs de ces brins de taillis sur la même souche, au lieu d'un seul. — Supposons, par exemple, que le baliveau réservé se trouve au point A (fig. 43) : le reste de la souche meurt, le baliveau sera d'autant moins beau que, d'un côté au moins, celui de la souche qui est censée lui fournir sa subsistance, son pied sera dépourvu de racines et bientôt ne reposera plus que sur du bois en décomposition. Dans le cas contraire, une multitude de rejets se développent, forment une nouvelle cépée et empêchent le baliveau de profiter. Si, au lieu de

Fig. 43. — Baliveaux sur souche.

cela, on conserve deux ou plusieurs brins, suivant la forme et l'étendue de la souche, toutes les racines de celle-ci continueront à fournir les aliments puisés dans le sol, et chacun d'eux en sera plus vigoureux.

Il ne faut donc pas hésiter, quand on manque de beaux baliveaux provenant de glands, à conserver des groupes de deux ou plusieurs brins sur des souches jeunes encore et placées dans de bonnes conditions. Chacun de ces brins prendra autant d'accroissement que s'il était seul, et non-seulement on trouvera à la coupe suivante de superbes billes pour le chauffage, mais si l'on veut les laisser encore sur pied, on obtiendra souvent de magnifiques arbres jumeaux. Cet exemple est très-commun dans les anciennes futaies. Le charme, le châtaignier, le hêtre, offrent sur ce point les mêmes avantages que le chêne.

Moderne. — On a vu que dans les bois aménagés à de courtes périodes les soins à donner aux baliveaux sont parfois difficiles. Il n'en est pas de même du moderne. Celui-ci réclame toute l'attention de l'élagueur, comme le plus important, tout en étant le plus aisé à traiter, car il est peu d'arbres de cette catégorie qui ne soient en état, sinon d'être redressés complétement, au moins d'être sensiblement améliorés, si l'on opère hardiment et judicieusement les suppressions et les raccourcissements nécessaires (fig. 44 et 45).

A la vérité, l'arbre ainsi traité paraîtra souvent

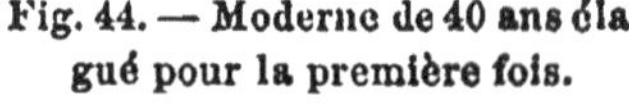

Fig. 44. — Moderne de 40 ans élagué pour la première fois.

Fig. 45. — Moderne de 60 à 70 ans. — Premier élagage (2e année).

fort dénudé au premier abord, mais au bout d'un petit nombre d'années, sa tête aura repris un développement suffisant. Les branches basses, dont l'accroissement exagéré avait souvent empèche la bonne venue des autres branches, étant suffisamment raccourcies, les couronnes s'étagent convenablement. On peut encore, dans la plupart des cas, conserver une flèche unique, ce qui est toujours préférable.

Enfin la tête de l'arbre le plus défectueux pourra presque toujours être ramenée à un ensemble régulier. On évitera ainsi les accidents pour lui-même et il ne sera pas plus nuisible au taillis environnant (fig. 46).

Fig. 46. — Moderne mal conformé. — Premier élagage.

ANCIEN. — Il va sans dire que les arbres âgés exigent plus de ménagements que ceux qui, jeunes encore, peuvent être pour ainsi dire entièrement remis à neuf. Il n'est plus question de leur constituer une flèche ni de les faire grandir; il ne s'agit donc que de bien régulariser leur tête en raccourcissant les branches trop longues, isolées ou pendantes qui détruiraient l'équilibre, pourraient déterminer la roulure, être brisées par les vents, le givre et les neiges, ou porter préjudice à leurs alentours.

On leur donne ainsi la forme voulue d'un ovoïde plus ou moins arrondi (fig. 47 et 48), en se rappelant que les branches basses doivent être les plus courtes, mais sans oublier que c'est particulièrement à cette catégorie d'arbres que s'applique la recommandation de ne pas tomber dans l'excès contraire.

Il faut donc tâcher de laisser de 2 à 4 mètres de longueur au moins aux tronçons conservés au corps de l'arbre, davantage même s'ils sont dépourvus de bonnes branches d'appel. On se souviendra aussi

Fig. 47. Fig. 48.
Chênes de cent ans environ, élagués pour la première fois (2e année).

que, sur le hêtre, on ne doit jamais pratiquer un raccourcissement qu'au delà d'une ou plusieurs branches ou rameaux d'appel.

La juste mesure à observer dans les raccourcissements est sans contredit la plus grande difficulté pour les élagueurs novices. Il ne faut pas trop s'en effrayer, et si quelques branches venaient à mourir, on en serait quitte pour les rabattre au moment de l'émondage, ainsi qu'il sera dit plus loin (page 84).

On peut couper rez-tronc deux ou trois branches suivant les nécessités, et s'il faut éviter de faire de trop nombreuses plaies, il y a encore plus d'inconvénient à conserver des branches épuisées qui ne tarderaient pas à mourir et produiraient par la suite ces cavités que nous voulons avant tout éviter. On ne manquerait pourtant pas d'en accuser l'élagage.

Fig. 49. — Cheminées.

Des cheminées. — Lorsque près d'un arbre ancien se trouve une jeune réserve destinée à le remplacer, il est important que les branches du premier ne viennent pas gêner sa croissance. Dans ce cas, il ne faut pas hésiter à pratiquer du côté du jeune arbre des raccourcissements de branches beaucoup plus rigoureux qu'on ne l'eût fait si l'ancien avait été isolé (fig. 49).

M. de Courval appelle cela faire des *cheminées*.

VIEILLE ÉCORCE. — Si l'arbre s'est trouvé dans

de bonnes conditions, la longueur du tronc doit avoir du tiers à la moitié de la longueur totale. Les opérations à pratiquer diffèrent peu de celles qui ont été indiquées à l'âge précédent. On doit enlever soigneusement tout le bois mort ou mourant, mettre à vif toutes les anciennes plaies qui ne sont pas recouvertes et dont nous verrons le traitement plus loin. On y trouve souvent des trous dont un seul suffirait pour perdre l'arbre; nous dirons également comment on doit arrêter les progrès du mal (page 77). On raccourcit toutes les branches trop longues, isolées ou nuisibles au taillis environnant. Enfin on peut encore, si on le juge utile, couper rez-tronc une ou deux branches basses, en se souvenant que cette opération peut se faire sans inconvénient et que le résultat sera toujours de reporter la végétation vers la cime (fig. 50).

Fig. 50. — Vieille écorce après un premier élagage.

On voit que, quel que soit l'âge d'un arbre, il a

besoin du travail de l'élagueur. Des soins bien entendus prolongeront son existence et conserveront toute sa valeur.

Je citerai pour exemple un chêne de 200 ans environ, croissant sur une haie et qui avait souffert

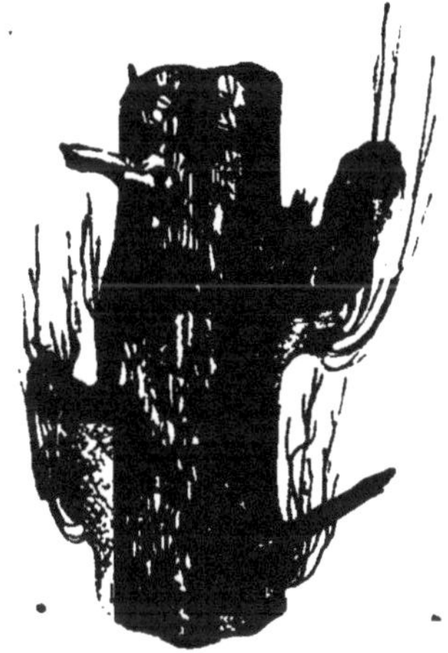

Fig. 51. — Portion du tronc d'un chêne, épuisé par l'abandon et les mauvais élagages.

Fig. 52. — Aspect du tronc du même chêne, deux ans après le traitement.

autant de l'incurie que des mutilations dont il avait été l'objet. Sa tige, dans la partie basse du moins, était parsemée de tronçons desséchés (fig. 51) et de protubérances qui recélaient des trous, mais portaient des rejets vigoureux, tandis que la cime commençait à se couronner; l'arbre était en pleine voie de décrépitude.

Il n'a pas fallu sur un espace de quelques mètres faire moins de sept plaies de 30 à 60 centimètres, sans compter celles de moindres dimensions (fig. 52).

A la suite de ce traitement sévère, l'arbre devenu parfaitement sain a recouvré une vigueur étonnante (fig. 53); la séve, n'étant plus entravée par toutes ces parties malades, a repris librement son cours; la tête a reverdi et les plaies se cicatrisent avec une grande rapidité.

Fig. 53. — Chêne de $2^{m},50$ environ de circonférence, ayant recouvré sa vigueur par le seul fait de nombreuses et larges amputations.

On ne peut nier que si ce chêne eût été abandonné dans l'état où il se trouvait, ou qu'on se fût contenté de rabattre, comme on l'avait fait jusqu'alors pour obtenir des fagots, les rejets survenus à l'empâtement des branches antérieurement coupées ou mortes naturellement, l'arbre aurait continué à dépérir, son corps se serait entièrement pourri et il n'eût plus été bon qu'à donner du bois de chauffage de médiocre qualité.

Aux yeux de quelques personnes, il semblera peut-être régner une contradiction entre la suppression de plusieurs branches, recommandée comme ayant pour résultat de raviver un chêne épuisé, et le principe émis au commencement de ce petit livre (p. 14) sur le rôle des feuilles dans la nutrition de l'arbre. Or, dit-on, l'élagage ne peut qu'être funeste, puisqu'en retranchant des branches vous détruisez par là même ces précieux organes foliacés dont elles sont les supports. Cette objection provient d'une erreur assez accréditée.

On prétend quelquefois que la bonne végétation des arbres dépend du nombre de leurs feuilles. De leur nombre, non; de leur surface, c'est tout une autre chose. Voyez ce qui se passe journellement dans les pépinières ou dans les plantations : des plants provenant de semis, âgés de plusieurs années, porteront, si vous voulez, vingt ou trente feuilles : le jeune arbre est gros comme un tuyau de plume et ne profite pas; coupez-le par le pied au printemps, vous aurez en cinq mois un scion vigoureux, gros comme le doigt et ne portant que huit à dix feuilles d'une dimension supérieure; le nombre sera moindre, la surface plus grande. Voilà ce que produit l'élagage, dont plusieurs opérations, universellement pratiquées, sont connues sous le nom parfaitement exact de *rajeunissement*. Que l'on veuille bien se rappeler d'ailleurs notre insistance pour la conservation, à l'extrémité des branches, de ramifications horizontales destinées à développer de grandes quantités de feuilles, pour la disposition, par étages, des branches qui ne se nuiront plus les unes aux autres, seront exposées aux rayons obliques du soleil et offriront une immense surface d'absorption; on verra alors que cette prétendue contradiction n'existe pas et que nous arrivons au contraire à obtenir la plus grande superficie foliacée, tout en occupant le moindre espace possible, ce qui constitue assurément la solution d'un intéressant problème de sylviculture.

Des très-vieux arbres. — Au point de vue du produit, il est clair qu'on doit, à chaque coupe, abattre les arbres qui ont cessé d'augmenter de valeur. Je suis bien loin cependant de blâmer la conservation dans les forêts de quelques chênes âgés de plusieurs siècles. Au contraire, on est heureux de rencontrer à un carrefour, sur une lisière, un de ces respectables vétérans qui ont abrité nos aïeux. Ils méritent d'autant plus de soins qu'ils deviennent chaque jour plus rares, mais ils ne sont plus considérés comme valeur commerciale; nous n'avons donc pas à nous en occuper ici, nous en dirons quelques mots à l'article des arbres isolés.

CHAPITRE V.

TRAITEMENT DES ANCIENNES PLAIES NATURELLES OU ACCIDENTELLES. — ÉMONDAGE DES REJETS.

Des écorchures, plaies anciennes, ulcères, gouttières etc. — Toutes les fois qu'il existe sur le corps des arbres quelques plaies, écorchures ou soulèvements d'écorce occasionnés par le frottement des voitures ou par toute autre cause, il faut mettre la blessure à vif jusqu'à l'endroit où l'écorce est bien en végétation et adhérente à l'aubier, car, une fois soulevée, l'écorce ne se recolle jamais. Quelques personnes soigneuses essaient bien parfois de la fixer au tronc de l'arbre avec des clous ou par d'autres procédés, soit dans l'espoir d'une reprise sans exemple, soit pour conserver à l'aubier l'abri de son vêtement naturel; malheureusement ces précautions ont un résultat tout opposé à celui qu'on en avait attendu: la séve qui se trouve dans l'écorce et dans le bois attire par sa décomposition des milliers d'insectes, lesquels y trouvent un excellent abri et une nourriture abondante, s'y multiplient et activent la carie de l'arbre.

En pareil cas il faut enlever toute la portion d'écorce décollée, en donnant à la plaie une forme bien régulière, surtout par en bas : car on sait déjà que si on laissait une portion d'écorce A (fig. 54) *même adhérente au tronc, sans communication avec les feuilles*, elle ne tarderait pas à se dessécher, puis à pourrir. — On applique alors le pansement au coaltar.

Fig. 54.

L'exemple que nous citons se rencontre fréquemment sur les vieux arbres des promenades de Paris, notamment sur l'esplanade des Invalides, où les soins que nous recommandons ici ont été pratiqués récemment[1] et de la manière la plus satisfaisante.

Soulèvements d'écorce non apparents. — Il est essentiel de visiter attentivement le pied des arbres, surtout lorsqu'ils commencent à vieillir ; on trouve souvent là des causes de mort et on est tout étonné de reconnaître que de larges portions d'écorce sont détachées du tronc sans que rien l'indique si ce n'est le son creux rendu quand on frappe avec le dos de la serpe. Non-seulement la circulation de la séve n'a plus lieu, mais une foule d'insectes et de larves y ont

[1] Fin de 1863.

fixé leur séjour et travaillent à la destruction de l'arbre. Il faut enlever avec soin jusqu'au vif toutes les parties d'écorces mortes, au risque de faire des plaies énormes, et par une bonne application de coaltar aller poursuivre jusque dans leur demeure tous ces ennemis cachés. Le travail réparateur commence immédiatement, et dans un temps donné ces plaies peuvent être entièrement recouvertes.

On doit également apporter une grande sollicitude aux meurtrissures causées par la chute d'arbres voisins. Souvent elles ne sont pas apparentes, même après plusieurs années, et on ne peut reconnaître leur présence que par le moyen indiqué ci-dessus, c'est-à-dire le son creux rendu en frappant avec le dos de la serpe; les soins sont les mêmes.

Trous dans le corps des arbres. — Quelquefois le mal est encore plus avancé et il se trouve, dans les corps des arbres, des trous causés par la décomposition des branches mortes, brisées, ou élaguées d'après les systèmes dont on connaît les tristes résultats. Dans l'obligation de conserver de tels arbres, car le choix n'appartient pas à l'élagueur, s'il ne peut avoir la prétention de guérir le mal existant, il lui est aisé d'en arrêter les progrès et il ne doit pas hésiter à le faire. Après avoir mis bien à vif les bords du trou en supprimant avec soin toute la portion d'écorce qui rentre à l'intérieur, il enlève les parties décomposées, où se trouvent toujours des légions d'insectes, de vers, de larves etc. On épuise du mieux que l'on peut l'eau qui peut s'y trouver, l'intérieur est enduit de coaltar et on bouche hermétiquement l'ouverture avec un tampon de cœur de chêne bien sec, qu'on fait entrer de force avec le dos de la hachette; puis la partie extérieure de ce tampon est soigneusement parée, comme s'il s'agissait d'une branche coupée. Si la cavité est trop vaste, elle est bouchée avec un morceau de planche ou de madrier de chêne, de manière à affleurer exactement la plaie; on applique alors le coaltar, le bourrelet se reforme par-dessus et recouvre parfaitement.

Si les pics venaient à attaquer la planche, comme ils ne tarderaient pas à creuser un nouveau trou, le mieux, dès qu'on s'en aperçoit, est de clouer sur la plaie une plaque de zinc ou autre métal, de façon que le bourrelet en se formant puisse la recouvrir.

Ces opérations, qui ont la plus grande analogie, si on veut bien me pardonner la comparaison, avec celles que pratiquent les dentistes sous le nom de plombage, ont donc pour résultat d'arrêter radicalement les progrès de la carie. Les influences extérieures n'agissant plus, les causes de destruction étant écartées, l'arbre cessera de se détériorer.

Vole-t-on le marchand de bois? — Le seul inconvénient de ces traitements est que, par suite du recouvrement complet, il n'est plus possible de distinguer parmi les arbres sains celui qui, à l'intérieur, possède un défaut. Quelques personnes, d'une délicatesse exagérée selon moi, pourraient objecter que ce procédé est une supercherie au détriment du marchand de bois.

Fig. 55. — Trou ancien pansé et bouché, recouvert, après vingt ans, de bois sain et de droit fil. — La même plaie abandonnée et portant la carie au cœur de l'arbre.

Tout en respectant leurs scrupules, je me contenterai de ne pas partager leur opinion et de dire que quand même, dans une coupe traitée d'après mes conseils, il se trouverait un petit nombre d'arbres ainsi restaurés, il n'en serait pas moins vrai que l'ensemble du lot serait dix fois, cent fois plus sain que dans toute autre condition quelconque; il n'y a donc pas de raison pour laisser empirer un mal qu'on peut si aisément arrêter.

La fig. 55 indique ce qui se passe en pareil cas. On voit d'un côté la plaie bouchée; de nouvelles couches de bois sain et de droit fil se sont formées par-dessus, la circulation de la séve se fait régulièrement et l'arbre a recouvré la santé. A côté de cela, jetez les yeux sur la plaie abandonnée. A l'époque de la coupe suivante, elle semble à la vérité presque refermée à l'extérieur, et il est souvent très-difficile de s'en apercevoir tant que l'arbre est sur pied; cependant la carie a fait de funestes ravages, l'humidité pénétrant incessamment par les fibres longitudinales a atteint le cœur de l'arbre; et une portion du tronc, longue souvent d'un mètre et plus, a perdu complétement sa valeur à l'endroit où l'arbre en a davantage. Si l'on compare la très-réelle perte éprouvée dans cette circonstance par le marchand de bois ou l'acquéreur de l'arbre, avec ce qui se passe dans l'autre cas, on cessera de dire qu'on le vole en bouchant les trous résultant de l'abondon ou de pratiques vicieuses.

Plaies occasionnées par les éclats de branches. — Tout ce qu'on vient de dire s'applique également aux larges blessures causées par l'éclat des branches brisées par les vents ou toute autre cause (fig. 4). Le traitement est absolument le même et se rapporte aux lignes qui précèdent.

Ici se termine la première série des opérations de l'élagage. Une dernière reste à traiter et ce n'est pas la moins importante.

Émondage des rejets. — Dès le printemps qui suit l'élagage, plus tôt même si l'opération a été faite pendant que les arbres étaient en séve, on voit paraître le long des troncs, et particulièrement vers la partie inférieure des sections de branches, une quantité de rejets plus ou moins abondante, mais éminemment variable : tels arbres en ayant beaucoup, d'autres un petit nombre, sans que souvent on puisse bien se rendre compte de la cause de ces différences. On ne peut pas attribuer leur formation uniquement à l'élagage, puisqu'ils se montrent aussi sur les arbres non élagués. Il est clair cependant qu'il existe un certain rapport entre le développement des rejets et la proportion des branches coupées; c'est pour ne pas multiplier les premiers que nous avons recommandé une grande prudence dans la suppression des branches.

Fig. 56. Émondoir.

L'enlèvement de ces rejets est indispensable et se fait très-facilement au moyen d'un petit émondoir (fig. 56), désigné quelquefois sous le nom de *houlette*. Cet instrument fort léger peut être employé par un enfant. La lame est très-coupante, agit de bas en haut, c'est-à-dire dans le sens des fibres pour éviter les déchirements; le petit crochet arrondi par son extrémité est également très-coupant et sert à enlever ceux des rejets que la lame n'a pas fait tomber. On peut aussi employer le croissant, moins aisé à manier, mais qui peut servir au besoin à raccourcir quelques branches aux jeunes baliveaux.

Voici comment je conseille de pratiquer cet émondage : lorsque la seconde pousse (séve d'août) est bien développée, mais que les jeunes rejets sont encore tendres, c'est-à-dire en août ou septembre, un ouvrier muni de deux émondoirs emmanchés sur des gaules très-légères et longues de trois et cinq mètres, portant une serpe suspendue à son crochet (fig. 19), commence par abattre avec cette dernière tous les rejets qui sont à sa portée, soit jusqu'à la hauteur de 2 mètres 50 environ ; puis, avec l'un des deux émondoirs il enlève ceux qui se trouvent de 3 à 5 mètres ; c'est ce travail qui peut être aisément fait par un enfant.

L'autre émondoir sert à faire tomber les rejets qui croissent plus haut ; les dimensions indiquées pour la longueur des manches suffisent généralement pour les arbres de hauteur ordinaire. Si l'on avait affaire à des arbres beaucoup plus élevés, on serait obligé d'employer des échelles, le travail deviendrait plus long et plus coûteux, mais ce ne serait pas une raison pour le négliger. Il ne faut pas néanmoins s'exagérer l'inconvénient de l'existence de quelques rameaux à la partie supérieure du tronc des grands arbres. Leur situation dans le voisinage des grosses branches et l'ombrage auquel ils sont soumis, préviennent un développement préjudiciable à la cime.

Conservation d'une partie des rejets sur les baliveaux insuffisamment pourvus de branches. — On enlève les rejets jusqu'à la naissance des premières branches, excepté à ceux des baliveaux de premier âge, sur lesquels elles ne commencent qu'au-dessus du tiers ou environ de la hauteur. Comme il est nécessaire pour l'aplomb et le grossissement de l'arbre que le tronc soit garni de végétation à partir de cette élévation, s'il manque de branches, on laissera quelques rejets qui maintiendront la séve (fig. 57).

Fig. 57. — Conservation de quelques rejets sur un baliveau dépourvu de branches.

On peut, si l'on veut, pratiquer la suppression des rejets en deux fois. Il faut alors s'y prendre vers la première quinzaine de juillet et enlever tous ceux qui sont à hauteur d'homme ou sur la moitié inférieure du tronc; les autres tirent la séve, favorisent la cicatrisation des premières plaies et sont rabattus en septembre.

L'opération de l'émondage est indispensable, elle se fait très-rapidement et n'entraîne dans les circonstances ordinaires que des frais minimes. Elle doit être renouvelée chaque année tant qu'il se montre des rejets, c'est-à-dire pendant deux ou trois ans, quatre au plus, si l'élagage a été bien fait.

Rabattage des branches mortes à la suite de l'élagage. — Nous avons prévu (p 69) le cas où quelques-unes des branches raccourcies lors de l'élagage viendraient à mourir, soit que ces branches fussent dans un état de dépérissement qu'il n'est pas toujours aisé de distinguer pendant l'hiver, soit même que ces raccourcissements, opérés par des ouvriers novices encore, aient été trop sévères. On reconnaîtra aisément ces branches mortes au moment de l'émondage, puisqu'alors les arbres sont en feuilles : rien n'est plus facile que de les rabattre rez-tronc immédiatement ou un peu plus tard, et l'arbre n'aura ainsi éprouvé aucun dommage; d'ailleurs elles se trouveront toujours en très-petit nombre.

CHAPITRE VI.

ÉPOQUE DE L'ÉLAGAGE. — CHOIX DES ÉLAGUEURS. — PRIX DE REVIENT. — DU COALTAR.

Époque de l'élagage. — Les travaux d'élagage que nous venons de passer en revue doivent se faire pendant l'année qui suit l'exploitation; cependant on pourrait les exécuter durant la seconde, la troisième ou même la quatrième année, et nous engageons en pareil cas les forestiers à s'y livrer sans délai, à condition, toutefois, de ne pas laisser les branches séjourner sur les taillis. De toute façon, l'enlèvement ne doit jamais avoir lieu qu'à bras, jusqu'au chemin le plus proche ou jusqu'au bord de la coupe en exploitation.

En admettant qu'on nuise légèrement au taillis de trois à quatre ans, le dommage est si minime et si largement compensé qu'on ne doit pas s'en préoccuper. En effet, le taillis ne pousse guère sous les chênes à branches longues et basses, dont la chute pourrait être funeste, et les branches des jeunes arbres n'ont pas assez de poids pour causer aucun tort appréciable. Il faut néanmoins éviter d'exécuter ces élagages tardifs pendant que le bois est en séve, car c'est alors qu'il en résulterait un véritable préjudice pour le taillis.

Saison de l'élagage. — La saison la plus favorable pour l'élagage est généralement l'automne, où les jours sont encore beaux et longs, les jeunes brins de taillis commencent à se durcir et ne souffrent pas d'être un peu foulés; cependant on a toujours à redouter les gelées subites, qui sont dans certaines contrées une cause de carie des plaies. L'hiver, les jours sont courts et quelquefois trop mauvais pour qu'on puisse facilement monter sur les arbres.

Au printemps, l'emploi du coaltar empêche, du moins en partie, l'écoulement de sève qui pourrait peut-être en cette saison causer un préjudice que je ne veux pas nier, tout en n'ayant jamais eu l'occasion de l'apprécier d'une façon positive. En revanche, dans les pays où l'on peut pratiquer l'écorçage, l'élagage des chênes, exécuté dans des conditions favorables à cette opération, donne de grands bénéfices.

En été, le travail est moins facile à cause de l'épaisseur du feuillage, les fagots se vendent moins bien et on fait un peu plus de tort au taillis.

Pour résumer, je dirai que pour les arbres à opérer, l'époque de l'année est à peu près indifférente, l'essentiel est d'élaguer; mais je conseille, en règle générale pour les bois étendus, de le faire depuis l'automne jusqu'au printemps, de septembre à juin, si toutefois on n'a pas d'ouvriers à l'année. A part quelques contrées montagneuses, on peut généralement en France élaguer pendant tout l'hiver; il n'y a qu'un petit nombre de jours où ce travail soit impossible: ce sont ceux de neige, de grande pluie, de verglas ou de forte gelée. Sauf ceux-là, le temps peut toujours s'employer utilement. Le matin, quand les branches sont glissantes, les ouvriers restent sur les échelles, rabattent les chicots, bois morts, etc., qui demandent toujours beaucoup de temps; puis, par un beau rayon de soleil et par une journée calme, on façonne la cime des arbres.

Quand j'ai dit plus haut (p. 41) qu'on doit toujours commencer par la cime, j'ai entendu parler de la taille de la tête des arbres; pour ce qui est des branches basses et de la façon à donner au tronc, il est entièrement indifférent de faire cette besogne avant ou après, ce dernier mode est précisément à suivre si l'on veut écorcer comme il a été dit plus haut.

Choix des élagueurs. — Ces travaux ne doivent pas être confiés au premier venu : il faut avoir des hommes forts, hardis, lestes, mais surtout prudents[1], et pour peu qu'ils aient de bonne volonté, il leur suffira de quelques jours pour être parfaitement au courant. J'en ai pour ma part de continuels exemples : je parle d'hommes complétement étrangers aux travaux des bois, car les bûcherons, se croyant fort habiles, et accoutumés à travailler sans contrôle, font souvent toutes espèces de difficultés. « On a des exigences impossibles, les serpes sont trop lourdes etc. » Ils ne cherchent qu'à mettre des entraves et terminent la plupart du temps par cet argument sans réplique : « Cela ne se fait pas. » Si cela se faisait, nos recommandations seraient très-inutiles.

[1] Toutes les fois qu'un homme est sujet au vertige, quel que soit d'ailleurs son courage, on ne doit pas l'employer à ce métier, qui deviendrait dangereux pour lui.

En présence de ce mauvais vouloir, qui heureusement ne se rencontre pas toujours, il n'y a qu'un parti à prendre, laisser les bûcherons se complaire dans leur importance et leur ornière, et se souvenir qu'au besoin le premier dénicheur de nids peut faire un excellent élagueur.

Si j'avais à choisir, je prendrais des hommes sortant du service militaire, par conséquent à la fleur de l'âge, habitués à l'obéissance, sortis de la routine du pays ; il vaudrait toujours mieux un homme ayant déjà manié la hache ou la serpe, mais, j'y reviens à dessein, tout homme de bonne volonté sera en état de se tirer d'affaire au bout de quelques jours ; il prendra bientôt aussi l'habitude indispensable de travailler des deux mains lorsque les circonstances l'exigeront.

Salaire des élagueurs. — L'élagage ne peut en aucun cas être exécuté à la tâche, encore moins peut-on le payer par l'abandon de tout ou partie du bois abattu. Il faut donc absolument payer les ouvriers à la journée, et il y a lieu en outre de leur accorder le bois mort, ce qui leur constitue un petit bénéfice et les encourage à ne pas en laisser sur les arbres[1].

[1] Cet abandon du bois mort n'est pas sans inconvénients ; quelques ouvriers indélicats profitent de cette autorisation pour faire provision de bois vert. Ici comme partout, il faut de la surveillance et une répression salutaire, c'est-à-dire expulsion immédiate de tout homme pris en flagrant délit

Le prix des journées, variable suivant les localités et l'habileté des ouvriers, doit toujours être pour les élagueurs un peu supérieur à celui des journaliers ordinaires. Un très-bon arrangement consiste à les employer à l'année, en les laissant disposer du temps de la fauchaison et de la moisson, c'est-à-dire de juin à septembre, pendant lequel ils trouvent à gagner de plus fortes journées que celles auxquelles ils peuvent raisonnablement prétendre pour les travaux des bois. Cette saison, on l'a vu, est d'ailleurs la plus défavorable pour les grandes exploitations, en raison de la moindre valeur des fagots; c'est en même temps celle où les bois ont le moins besoin de surveillance.

Prix de revient. — Dans les bois où se trouvent des arbres de tout âge, la dépense de l'élagage, en rémunérant convenablement les ouvriers, doit être généralement balancée par le produit des branches coupées[1]. Ce produit consiste en bois de corde, bois à charbon d'une qualité très-supérieure, et fagots.

de vol; mais il ne me paraît pas juste de faire supporter aux bons ouvriers la peine de quelques hommes malhonnêtes qui, grâce à Dieu, seront toujours des exceptions.

[1] L'élagage donne même souvent de notables bénéfices, même indépendamment des écorces; mais, comme il doit être pratiqué uniquement en vue de l'amélioration, il est inutile de faire entrer ici ces bénéfices en ligne de compte.

Naturellement, il n'en est plus de même dans les bois dépourvus de haute futaie, où l'on n'agit que sur des sujets demandant à peu près le même temps et ne rapportant presque rien.

Mais il est, dit-on, des contrées où, par suite du manque absolu de voies de communication, les fagots n'ont aucune valeur, les taillis couvrent à peine les frais d'exploitation, et où, par conséquent, notre système est inapplicable comme étant trop onéreux.

Tout en croyant qu'il y a peut-être de l'exagération dans cette peinture, ma réponse est que, malgré tout, il faut essayer; car le produit de ces bois si défavorablement situés, — j'avoue qu'en France je n'en connais guère de semblables, excepté dans les montagnes, — ne peut consister que dans la haute futaie. On doit donc, même au prix de quelques sacrifices, en augmenter la valeur et la quantité. On établit chaque année des routes, des canaux et des chemins de fer, les moyens de transport ne manqueront pas toujours; enfin l'écorce de chêne, qui sert à préparer les cuirs, et qui dans beaucoup de localités à été négligée par le passé, prend une très-grande valeur et sera toujours un objet de première nécessité, un produit important, que son peu de poids permettra de transporter aisément.

On a été jusqu'ici trop enclin à considérer les bois

comme une propriété d'un rendement médiocre, ayant seulement l'avantage de donner une moyenne assez régulière et de n'exiger aucune dépense.

Ce point de vue n'est plus acceptable aujourd'hui : la division de la propriété impose l'obligation d'en tirer tout le parti possible, et la terre, qu'elle porte des forêts ou des moissons, ne donne rien pour rien, tandis qu'elle se montrera toujours généreuse et féconde envers ceux qui la travaillent avec intelligence et persévérance.

Une autre objection, aussi dénuée de fondement, est celle qui consiste à prétendre que cette méthode, excellente pour des bois de peu d'étendue, est inapplicable aux forêts, notamment à celles de l'État, en raison du nombreux personnel qu'elle exigerait.

Des essais très-sérieux et parfaitement concluants sur des forêts occupant une superficie considérable, l'exemple de M. de Courval qui soumet à ce régime plus de deux mille hectares sur le seul domaine de Pinon, celui des bois du prince de Ligne, à Belœil, en Belgique[1], et tant d'autres, seraient une réponse victorieuse et prouveraient assez que l'opposition dé-

[1] Les forêts du prince de Ligne contiennent les plus beaux arbres qu'on puisse voir; elles sont traitées depuis longtemps d'après une méthode qui doit avoir été le point de départ de celle de M. de Courval, et qui a été exposée par M. Hotton dans un ouvrage fort recommandable. — *Manuel de l'élagueur.* Paris, Huzard, 1829.

coule d'une cause plus grave, l'amour-propre, qui se refuse à réconnaître qu'on s'est égaré dans une mauvaise voie jusqu'à ce jour.

Des gardes-élagueurs. — Il serait peut-être opportun d'appeler, à cette occasion, l'attention des administrateurs et des propriétaires sur une modification à introduire dans la situation et dans les attributions des gardes forestiers.

Ceux-ci, en effet, reçoivent souvent, et notamment chez les particuliers, un salaire insuffisant, quoique dans bien des cas supérieur aux services qu'ils rendent, services qui se bornent, pour la plupart du temps, à une surveillance plus ou moins régulière; en sorte qu'on est trop fréquemment réduit à prendre pour gardes des hommes qui, n'ayant pas la force ou le courage de faire de bons ouvriers, se contentent d'une position qui leur assure tant bien que mal une existence médiocre mais oisive. Les uns se font braconniers, les autres, par une tolérance coupable, deviennent les complices de toutes les déprédations commises par les riverains des bois qu'ils ont la mission de garder.

Dieu merci, cet état de choses n'est pas général, mais il n'est que trop commun et tient à une mauvaise organisation, à laquelle il est facile de remédier, grâce à l'élagage.

N'y aurait-il pas lieu, en de nombreuses circonstances, de prendre pour gardes, des élagueurs qu'on paierait un peu plus cher, à la vérité, mais dont le travail indemniserait, et au delà, les propriétaires de leurs sacrifices? L'obligation de se trouver toujours dans le voisinage des parties en exploitation constituerait pour les propriétaires la meilleure garantie de surveillance, sans compter que la cime d'un chêne est un excellent poste d'observation.

Les journaliers ambitionneraient la place de gardes-élagueurs, parmi lesquels pourraient, du moins en partie, se recruter les gardes en pied. On aurait ainsi des hommes spéciaux parfaitement au courant des travaux des bois, leur situation serait améliorée, les forêts et les propriétaires en tireraient de sérieux avantages. Jusqu'ici il n'est question que des grandes propriétés, ces avantages seraient encore bien plus sensibles pour des bois de médiocre étendue. Là, par exemple, où le garde est payé 200 fr. pour ne rien faire, n'aurait-on pas un très-grand bénéfice à en donner 500 à un homme qui augmenterait la valeur du bois et vendrait les fagots et du bois de corde pour une somme équivalente ou même supérieure?

L'élagage doit-il se pratiquer partout? — On aura un véritable intérêt à appliquer l'élagage dans tous les terrains, à toutes les expositions, sur toutes les espèces de bois. Cette utilité deviendra d'autant plus universelle que les procédés conservateurs, étant selon toute probabilité destinés à recevoir de nombreuses applications, ne manqueront pas d'assigner une valeur plus considérable aux essences aujourd'hui en défaveur.

Nous ne ferons qu'une exception : il s'agit des localités tellement arides ou défavorablement situées, que le bois de chauffage soit le seul produit à en espérer. Là, mais là seulement, ce serait peine inutile.

Du coaltar et de son emploi pour l'élagage. — Coaltar est un mot anglais ou plutôt la réunion de deux mots anglais dont la signification est goudron de houille. On prononce *cóltar*, d'où quelques personnes ont fait colta, nom sous lequel il est connu dans plusieurs contrées. Cette substance d'une utilité journalière pour toute exploitation agricole n'a pas de nom français, nous sommes donc obligés de lui conserver son appellation étrangère ; elle se fabrique à bas prix dans toutes les usines à gaz d'éclairage, c'est-à-dire dans la plupart des villes et dans toutes les gares importantes des chemins de fer. Il importe de se procurer le coaltar aux lieux de production et non ailleurs, c'est le seul moyen de l'avoir pur, car les épiciers ou marchands de couleurs ont toujours intérêt à l'additionner de déchets d'huiles ou d'autres mélanges de rebut.

Le coaltar est une substance liquide d'un noir brun, exhalant une forte odeur de créosote et qui se conserve indéfiniment. Il faut le choisir le plus épais possible; on le garde dans un tonneau, et pour l'employer, on le met dans une gamelle de fer-blanc, de fer battu ou à défaut dans un vase quelconque muni d'une anse en fil de fer et suspendu avec une S, également en fil de fer, au dernier barreau de l'échelle (fig. 21). De la sorte l'élagueur n'est pas obligé de descendre chaque fois qu'il s'agit d'opérer un pansement. Pour l'étendre sur la plaie, on se sert d'une brosse ou pinceau commun, de moyenne grosseur, il vaut même mieux l'avoir petit que trop gros. Le coaltar s'emploie à froid, excepté dans les temps de gelées, pendant lesquels on le fait dégourdir devant le feu que les élagueurs ne manquent jamais d'allumer près de leur chantier. Cette substance a des propriétés conservatrices remarquables, s'applique très-facilement sur le bois vert aussi bien que sur le bois sec, et se fixe sans pénétrer dans le bois plus que ne le ferait la peinture ordinaire, assez cependant, même à une seule couche, pour boucher tous les conduits de la séve, lesquels ne tarderaient pas à devenir des élements de décomposition sous l'action des agents extérieurs. Cette simple application produit donc une sorte de cautérisation immédiate, et suffit pour préserver de la carie les parties entamées par l'élagage ou par un accident. L'odeur du coaltar écarte les insectes, et son adhérence complète les empêche de pénétrer dans le bois.

L'habile direction des plantations de la ville de Paris vient enfin, en 1863, après une longue résistance et des essais aussi coûteux qu'infructueux, de constater, en adoptant l'emploi général du coaltar, la supériorité de ce produit sur les autres préparations, ainsi qu'on peut le voir sur les promenades de Paris et notamment sur l'esplanade des Invalides.

Inconvénients des onguents et mastics employés jusqu'à ce jour. — Depuis longtemps déjà on s'était préoccupé des moyens de guérir les plaies faites aux arbres, accidentellement ou par la main de l'homme. Le remède vulgairement préconisé de temps immémorial était l'onguent de Saint-Fiacre, mélange de terre et de bouse de vache. Il est inutile d'insister sur son peu d'efficacité. On eut ensuite recours aux divers mastics employés pour la greffe et qui ont toujours pour base la résine, la cire et la graisse. Outre les difficultés d'exécution, — ces mastics devant le plus souvent être appliqués à chaud, — et leur prix étant excessif, il y avait presque toujours impossibilité de réussite. Aussitôt que le travail de recouvrement se faisait par la formation du bourrelet de nouveau bois, l'enduit était soulevé tout d'une pièce ou peu à peu, suivant son degré de dureté, et laissait la place à nu, tout en offrant un abri à de nombreux insectes; ces soins demeuraient donc encore sans résultat.

Depuis longtemps M. de Courval avait préconisé l'emploi du coaltar; ce n'est qu'en 1863 que j'ai été témoin à Paris de l'application en grand que j'ai signalée plus haut.

Sur les plaies de moyenne étendue, un seul pansement suffit; mais lorsqu'elles ont des dimensions exceptionnelles, ce serait une très-bonne précaution que de passer une nouvelle couche au bout de quelques années; un garde soigneux ne manquera jamais de le faire dans les bois qui lui sont confiés.

Dans le midi de la France les excessives chaleurs de l'été rendent le coaltar tellement liquide qu'il ne préserve plus qu'imparfaitement les plaies pansées à cette époque. Pour être assuré d'un bon résultat, il faut donc en passer une nouvelle couche pendant l'hiver afin de lui donner une épaisseur suffisante.

Effet du coaltar sur l'orme. — L'effet du coaltar sur l'orme n'est pas aussi régulier que sur les autres arbres forestiers, chêne, frêne, sycomore, hêtre, charme etc. Sur tous ceux-ci, l'application d'une couche donne immédiatement une grande dureté à la plaie, qui conserve souvent des reflets presque métalliques. Sur l'orme, l'adhérence n'est pas toujours aussi complète, il se produit parfois, quoique exceptionnellement, des boursoufflures comme celle qu'on remarque lorsqu'on applique de la peinture sur des murailles humides; en même temps il s'établit un suintement d'eau rousse et fétide. En pareil cas, je ne connais qu'une chose à faire, c'est d'y revenir au bout de quelque temps, de gratter les parties de coaltar non adhérentes et d'en appliquer une nouvelle couche.

Il est bon d'observer que ces épanchements de séve extravasée et décomposée sont fréquents chez l'orme, même sans qu'aucune opération les ait provoqués. En pareille circonstance, une forte entaille, pratiquée à la base de la partie malade, détermine un écoulement abondant, et l'application réitérée du coaltar amène souvent la guérison. Une pratique semblable sur les chênes attaqués de gelivure donne également d'excellents résultats.

Emploi du coaltar pour préserver les plantations de la dent des animaux. — Le coaltar pourrait être d'un excellent emploi pour préserver les plantations de la dent du gibier, des animaux domestiques, tels que le mouton et la chèvre, et aussi pour défendre dans les pays d'élevage les jeunes arbres contre la morsure des chevaux, qui s'attaquent de préférence à certaines espèces, notamment à l'orme et au peuplier, et prennent un malin plaisir à enlever entièrement l'écorce, ce qui ne manque pas de tuer les arbres. J'ai souvent obtenu dans ces circonstances un excellent effet de l'application du coaltar; quelquefois des arbres ont péri, en sorte que je ne puis le recommander sans une extrême réserve. Outre le danger d'asphyxie qui existe pour l'arbre ainsi traité, on ne doit pas oublier que le coaltar contient un acide puissant qui peut décomposer la séve.

Usage du coaltar pour les arbres fruitiers. — C'est pour cette même raison que l'application du coaltar ne doit être pratiquée qu'avec certaines précautions pour la cicatrisation des plaies sur les arbres fruitiers à noyau, sur le prunier par exemple. J'ai plusieurs fois remarqué que l'écorce de ces arbres paraissait avoir été altérée par le contact du coaltar, tandis que je n'ai jamais constaté un résultat semblable sur les arbres à pepins; pour ceux-ci, je puis donc affirmer qu'on peut l'employer sans crainte.

De ces recommandations il ne faut pas conclure que je proscris l'usage du coaltar sur les pruniers pas plus que sur les ormes: au contraire, je ne connais pas de substance qui puisse le remplacer pour la conservation du bois et la guérison des grandes plaies; mais, quand on doit traiter de jeunes pruniers, il faut éviter de les barbouiller grossièrement, d'en enduire le tronc au hasard ou de le laisser couler négligemment sur l'écorce ; c'est alors qu'on serait exposé à produire des chancres. Plus un remède est actif, plus son emploi exige de circonspection.

CHAPITRE VII.

ÉLAGAGE DES TAILLIS ET DES FUTAIES PLEINES. — ARBRES ÉPARS. — TÊTARDS.

Élagage des taillis. — Des gaulis. — Lorsque les bois sont aménagés à long terme, au delà de vingt ans par exemple, on trouvera toujours du profit à faire vers le milieu de la révolution, des éclaircies ou jardinages, qui consistent à la fois à retrancher les faux bois, les brins des cépées les moins vigoureux, ceux qui pendent ou s'étiolent et n'arriveraient pas à l'époque de l'exploitation, et à élaguer les brins conservés. Ceux-ci profitent d'autant et forment ce qu'on appelle ordinairement un gaulis ou perchis. Quelques propriétaires sont dans l'usage de pratiquer des éclaircies sur les bois aménagés même à 12 ou 14 ans. Cette excellente opération ne peut qu'être très-favorable.

Plus l'élagage est soigneusement fait, mieux cela vaut; cependant, comme ces gaulis ne produisent ordinairement que des bois à brûler, ils n'exigent pas tous les soins prescrits pour ceux réclamés par l'industrie.

Élagage des futaies pleines. — Les bois destinés à constituer les futaies pleines proviennent presque toujours de semis naturels ou artificiels. Les forestiers procèdent par éclaircies en retranchant seulement les pieds les moins vigoureux, et conservent tous ceux dont le feuillage contribue à projeter sur le sol une ombre épaisse; il en résulte que les arbres s'élancent pour rechercher la lumière indispensable à leur végétation, que les branches basses ainsi ombragées périssent à peine formées et sans laisser de plaies au corps des arbres, en sorte que l'élagage se faisant de lui-même toute recommandation à cet égard deviendrait un non-sens.

Telle est du moins la théorie, mais en réalité les choses ne se passent pas toujours ainsi : un certain nombre de branches basses résistent plus ou moins longtemps. Les plus vigoureuses atteignent la cime de la futaie en prenant un développement excessif et forment des redans, qui diminuent considérablement la valeur de la pièce principale. Les autres meurent peu à peu, après avoir atteint des dimensions suffisantes pour que leur décomposition porte la carie au cœur de l'arbre (fig. 3 et 12). De là résulte la nécessité d'appliquer dans ces circonstances l'élagage aux futaies pleines, absolument de même qu'aux futaies sur taillis.

Des arbres de marine. — Les lignes qui précèdent laisseront peut-être dans quelques esprits la pensée que, même en admettant l'utilité de mes pratiques pour les bois destinés aux usages ordinaires, j'ai eu tort de parler de la marine, puisque ce service recherche par-dessus tout les pièces courbes, et que c'est principalement à leur production que l'on doit s'attacher en vue de ses besoins.

« Vous ne formez, pourrait-on me dire, que des arbres parfaitement droits, tandis qu'il nous faut des pièces courbes; loin de procurer une ressource nouvelle, vous détruisez les arbres les plus précieux. »

Dieu me garde de rien détruire! Je ne prétends que favoriser le développement de tous les arbres, de façon qu'ils prennent les plus fortes dimensions possibles tout en étant parfaitement sains, et je crois que parmi les branches latérales que j'engage à supprimer, il est rare d'en trouver à l'intérieur des futaies qui atteignent ces dimensions exigées. D'ailleurs j'avoue humblement mon incompétence pour traiter à fond les questions spéciales à ce service exceptionnel.

La marine accepte et paie fort cher les beaux bois droits parfaitement sains; leur production abondante serait donc déjà un avantage pour elle. Quant aux *courbants*, si je ne me trompe, on a laissé jusqu'ici au hasard le soin de les fournir ; on les a trouvés presque toujours sur les lisières, où les chênes, gênés par l'ombrage de leurs voisins, avaient été forcés d'aller chercher la lumière en dehors de leur aplomb.

A défaut des forêts, qui disparaissent, le moyen d'obtenir ces arbres précieux serait de conserver dans les meilleurs terrains quelques bouquets de futaie, où les chênes de lisière se trouveraient placés dans ces mêmes conditions, et prendraient une direction plus ou moins inclinée. Les prairies, les haies, les parcs seraient les endroits les plus favorables, car un excellent sol est la première condition, et on voit qu'il est impossible d'en obtenir un grand nombre à la fois.

Les soins que nous avons recommandés auront pour résultat certain d'activer la croissance et d'augmenter la valeur des arbres ainsi cultivés. Nous avons montré à les conduire, on pourra donc les diriger de façon à leur donner les formes qu'on voudra.

Conversion des taillis en futaie. — Il faut un siècle pour former une futaie régulière, deux au moins pour l'amener à toute sa valeur. Aujourd'hui, peu de personnes ont assez de confiance dans l'avenir pour entreprendre de pareilles créations. Parmi ceux qui possèdent encore des futaies, beaucoup les détruisent; si d'autres les respectent, ils ont quelquefois lieu de penser que leurs héritiers n'en feront pas autant. Pour les remplacer, nous conseillons aux propriétaires de bois de choisir dans un bon sol un certain espace de taillis à exploiter, et au lieu de faire la coupe comme à l'ordinaire, d'y pratiquer une simple éclaircie en élaguant avec soin tous les brins conservés. On éprouvera sans doute alors une diminution de rendement, mais, si l'on veut recommencer l'opération vers le milieu de la période régulière d'exploitation, soit au bout de 10 ans si on coupe à 20, ou de 15 si on coupe à 30, on pourra déjà retirer une portion des baliveaux et faire en même temps une coupe de taillis.

Après un semblable nombre d'années, on recommencera, et le sol ne sera pas loin d'avoir rendu ce qu'on en aurait tiré par l'aménagement ordinaire, sans compter qu'il restera sur pied des arbres pour une valeur importante. On aura alors une véritable futaie, où l'on pourra remarquer que les brins venus sur souche ne le cèdent souvent en rien pour la vigueur et la beauté à ceux qui sont francs de pieds. Il n'y a pas une seule futaie ancienne où l'on ne puisse remarquer des groupes de 2, 3, 5 et même 7 chênes, venus incontestablement sur des souches, et présentant des dimensions aussi satisfaisantes que les arbres isolés.

Des arbres épars croissant dans les prairies, pâtures, landes, haies etc. — Tout ce qui a été dit sur les massifs forestiers s'applique également aux arbres isolés ou épars, croissant sur les haies ou les fossés, dans les landes et pâtures, sur la limite des héritages etc. Selon leur âge et leur grosseur, ils seront traités comme appartenant à l'une des catégories que nous avons énumérées, baliveaux, modernes ou anciens.

Nous ne saurions trop insister sur ce que ces arbres, les plus abandonnés de tous, sont ceux qui peuvent acquérir le plus de valeur et former une immense richesse pour l'avenir.

Le voisinage des terres en culture leur apporte quelques engrais, la facilité de pouvoir s'en occuper quand on veut, donne un grand avantage pour leur direction; nous conseillons de les élaguer tous les cinq ou six ans, ce qui favorisera leur développement tout en fournissant assez de bois pour couvrir largement les frais du travail, qui ne doit dans aucun cas être abandonné à la discrétion du fermier, dont les intérêts sont trop en désaccord avec ceux du propriétaire. Qu'on lui donne le bois provenant de l'élagage, soit, mais après l'avoir fait couper par des ouvriers spéciaux. On y retrouvera toujours son avantage.

Conservation des très-vieux arbres. —

On rencontre encore quelquefois, dans des parcs ou ailleurs, de très-vieux arbres qui ne peuvent plus acquérir de valeur, étant arrivés à leur période de décrépitude.

Ces arbres méritent d'autant plus nos respects et nos soins qu'ils deviennent plus rares, et qu'un traitement intelligent peut les conserver pour de longues années. Le retranchement, le long du tronc, de tous les vieux chicots et du bois mort, a pour effet, non-seulement d'empêcher la pourriture, mais de les raviver sensiblement, car ces maladies entravent le mouvement de la séve, tandis que des opérations bien nettes déterminent immédiatement la formation d'un bois nouveau dont le tissu, composé de fibres et de vaisseaux d'un plus large calibre, activera considérablement la circulation des sucs nourriciers (fig. 58).

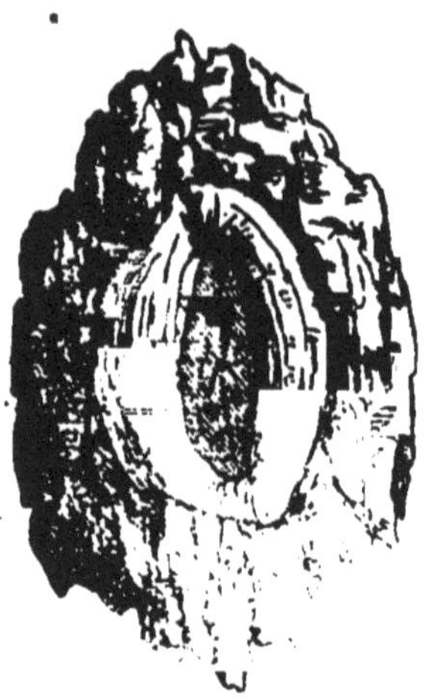

Fig. 58. — Plaie de 30 centimètres, faite sur un chêne décrépit, 4e année

C'est là ce qui explique le fait très-aisé à expérimenter, quoique peu vraisemblable au premier abord, d'un vieux chêne languissant, complétement rendu à la vie par suite de huit ou dix plaies énormes faites sur son tronc (fig. 53). Voilà pourquoi je proscris les branches mortes et les chicots sur le tronc des arbres conservés même exclusivement au point de vue de l'agrément. Au bout des branches, j'admets que ces grands bras dépouillés produisent un effet pittoresque; là, du moins, ils sont loin de présenter les mêmes inconvénients.

Souvent les arbres dont nous parlons sont creux et contiennent même une grande quantité d'eau; il faut tâcher de les vider; quand on ne réussit pas autrement, un trou pratiqué avec une tarière à la partie inférieure de la cavité amène le drainage de ces cloaques, que l'on remplit de moellons ou de fragments de briques, le tout recouvert d'une couche de bon mortier ou mieux encore de ciment. On cite en Normandie des pommiers ainsi traités il y a plusieurs siècles et se trouvant encore en très-bon état.

Ce moyen a été aussi employé, mais assez généralement sans succès, sur quelques vieux ormes à Paris. M. de Courval fait remarquer justement qu'on avait eu le tort d'employer le plâtre, qui absorbe trop aisément l'humidité.

Pour bien réussir, l'enduit doit affleurer exactement la plaie mise à vif. Celle-ci pansée au coaltar entrera immédiatement en voie de cicatrisation et pourra, suivant ses dimensions, arriver dans un temps plus ou moins long à un recouvrement complet.

Si la cavité n'est pas parfaitement remplie, les pics, que toutes nos opérations contrarient, ne tardent pas à venir travailler, dans l'espoir d'habiter une si belle demeure. Leur instinct nous est d'ailleurs fort utile, en ce qu'ils nous indiquent les arbres attaqués; cette remarque ne s'applique qu'aux bois durs, il n'en est pas de même pour les bois blancs; les trembles en particulier sont rarement épargnés; au forestier de les abattre ou de les guérir.

On aura soin de visiter le pied des arbres comme il a été dit page 76. Quelquefois, malheureusement, des pâtres ou des enfants s'amusent à allumer du feu au pied des arbres, sans se douter qu'il leur suffira de peu d'instants pour altérer profondément une des plus belles créations, l'œuvre des siècles. Quand le mal est fait, il faut s'assurer de sa gravité, et, toutes les fois que l'action de la chaleur a été assez forte pour décomposer les tissus, on n'hésite pas à enlever l'écorce sur l'étendue attaquée, en respectant tout ce qui est intact, et spécialement les parties qui peuvent mettre les racines en communication avec les feuilles, car là est le véritable nœud de la vie. — Le pansement au coaltar est ensuite appliqué.

Étêtement des arbres couronnés. — Qnand arrive la dernière période de la décrépitude, ce ne sont plus seulement quelques branches qui meurent, mais la cime tout entière; les branches basses conservent encore de la vie, mais l'arbre est usé. On dit alors qu'il est couronné (fig. 59).

On sait que toutes les parties mortes ou mou-

Fig. 59. — Chêne couronné, rajeuni par l'étêtement

rantes doivent être retranchées. Naturellement ce principe s'applique aux branches supérieures, et c'est le seul moyen de prolonger l'existence de ces arbres. Il faut donc raccourcir toutes les branches dont l'extrémité est morte, mais à quelque distance au-dessous du point où elles cessent de montrer de la végétation, ainsi qu'on le voit sur la figure 59; on obtient ainsi des tronçons plus ou moins longs et d'un aspect fort disgracieux, j'en conviens, mais qui ne tarderont pas à développer des rameaux d'une certaine vigueur et tendant le plus souvent à se rapprocher de la direction verticale. Après un petit nombre d'années, l'arbre reprend une physionomie tolérable, et peut durer encore longtemps.

Cette opération, usitée dans plusieurs localités pour *rajeunir* les vieux pommiers ou poiriers cultivés dans les champs, réussit fort bien et prolonge l'existence d'arbres souvent difficiles à remplacer; on en trouve également de nombreux exemples sur les ormes des anciens boulevards à Paris, elle y a presque toujours donné des résultats satisfaisants.

En agissant de même sur les futaies épuisées, on obtient un succès égal.

Des têtards. — J'ai parlé en commençant (p. 22) de l'utilité des têtards pour fournir de menus bois de chauffage propres aux usages domestiques dans les campagnes. Ces arbres modestes peuvent en outre offrir des ressources importantes dans la production des bois d'industrie. Quelques-uns sont fort recherchés à cause de leurs nœuds et de leur dureté; mais la plupart du temps, il ne sont pas sains, ce qui tient au peu de précautions prises lors de leur écimage, en sorte que la plaie principale, n'ayant pu se guérir, a amené la carie du tronc tout entier. Le moyen d'éviter cette perte serait, au lieu d'enlever la tête d'un seul coup par une section en A (fig. 60), comme on le fait habituellement (fig. 61), d'opérer sur des ramifications, en laissant plusieurs moignons sur chacun desquels se développeraient un certain nombre de branches secondaires qui feraient l'objet des coupes périodiques habituelles. Ceci n'est praticable que sur des arbres mal conformés; ce sont eux

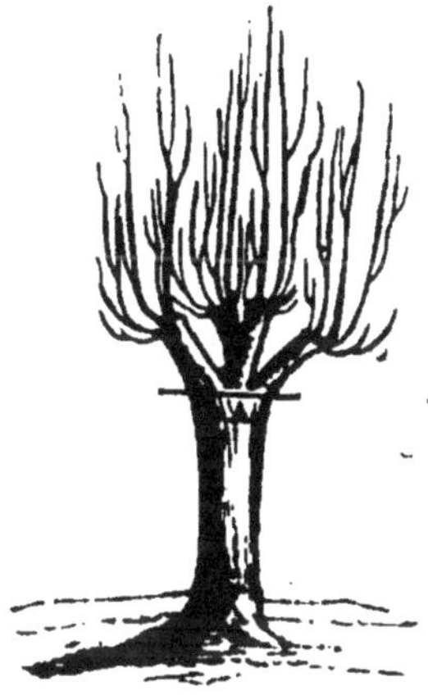

Fig. 60. — Têtard écimé de façon à conserver la valeur du tronc.

Fig. 61. — Têtard écimé suivant l'usage ordinaire.

précisément qui doivent toujours être choisis pour cette destination.

De la sorte, au lieu de se pourrir, ainsi que cela a lieu le plus souvent (fig. 61), le tronc conserverait une valeur qui est loin d'être à dédaigner.

Les arbres les plus communément soumis à ce régime sont le chêne, le frêne, l'orme, l'érable, le peuplier, le charme. Je ne parle pas du saule, dont le tronc est sans valeur; au contraire, le peuplier, ainsi traité dans certaines localités, fournit des madriers noueux, ronceux, avec lesquels on fabrique de très-beaux meubles.

Dans quelques contrées montagneuses, tous les arbres sont à l'état de têtards; est-ce pour éviter que leurs cimes soient brisées par les neiges et les vents ou plutôt pour éloigner en quelque sorte le taillis de la dent des troupeaux? Je l'ignore, mais, faute de mieux, le têtard peut offrir de grands avantages.

Restauration des têtards. — Il peut souvent arriver que pour embellir le paysage, ou dans le but d'obtenir des arbres de valeur, on veut remplacer les têtards par des arbres de haute futaie.

Il faut bien se garder de les abattre; et, pour peu que le têtard ne soit pas épuisé, rien n'est plus aisé que d'opérer cette transformation. Si les branches ont quelques années d'âge, on supprime toutes celles qui sont inclinées pour n'en conserver que quelques-unes ayant la direction verticale. Le nombre à garder varie suivant la forme et la grosseur du tronc, la règle à observer étant que la circulation ne soit pas interrompue; quelques-unes sont raccourcies suivant les besoins, pour donner aux plaies, qu'on a eu soin de panser au coaltar, le temps de se cicatriser. Au bout de quelques années, on enlève les branches raccourcies; celles qui ont été ménagées acquièrent un grand développement (fig. 62), et, à la vue de ce chêne, il est souvent difficile de soupçonner ce qu'il fut jadis. Le tètard restauré devient un bel arbre, dans maintes circonstances on peut même arriver à ne lui conserver qu'une seule tige.

Fig. 62. — Têtard restauré.

Je ne saurais assez m'élever contre la légèreté avec laquelle on abat, sans la moindre nécessité, des arbres sous prétexte qu'ils sont laids, et avec l'intention de les remplacer. Sans doute on a raison de planter, mais on ne se rend pas assez compte de la difficulté de la reprise, de la convenance du sol, et enfin du temps nécessaire à la croissance des plantations; en sorte qu'après de grands travaux et des dépenses énormes, on finit souvent par ne plus rien avoir, tandis qu'il aurait suffi de quelques soins pour obtenir des arbres assez beaux et toujours en harmonie avec le paysage qui les entoure. Nous méprisons trop nos essences naturelles et forestières, et nous leur substituons la plupart du temps, avec un engouement irréfléchi, des arbres étrangers qui sont loin de les valoir[1].

Malheureusement, il arrive fréquemment que certains entrepreneurs de jardins poussent dans cette voie les propriétaires novices encore. Je n'ose dire qu'il ne font en cela que céder à l'influence de la mode. Toujours est-il que de notre temps on a dévasté de magnifiques parcs, qui ne seront jamais remplacés. Combien de belles plantations forestières n'a-t-on pas sacrifiées sous prétexte de faire des jardins anglais! C'était une bien grande calomnie pour nos voisins, qui non-seulement ne détruisent pas leurs chênes, mais les respectent, selon moi, d'une façon exagérée, puisqu'ils n'osent même pas prolonger leur existence et considèrent, si j'en crois des personnes bien informées, tout élagage comme une sorte de sacrilége.

[1] Je tiens beaucoup à ce qu'on ne se méprenne pas sur le sens de ces paroles : loin de proscrire l'introduction des arbres exotiques, je suis persuadé qu'il y a là, pourvu qu'on agisse avec discernement, une source féconde de profit et d'embellissement. Je ne m'élève que contre les tendances destructives trop souvent favorisées par la cupidité des fournisseurs.

CHAPITRE VIII.

DES BOIS BLANCS.

On donne le nom de *bois blancs* par opposition à celui de bois durs, tels que le chêne, l'orme, le frêne, aux essences dont la fibre est moins compacte, et qui présentent moins de densité et de résistance.

Ils sont par là même plus aisés à travailler et sont recherchés pour une foule d'usages. La rapidité de leur croissance, triple ou quadruple de celle des premiers, les rend en maintes circonstances plus avantageux à cultiver. Les uns sont à feuilles caduques, comme les peupliers, les bouleaux, les tilleuls; les autres, à feuilles persistantes, comprennent la plupart des résineux ou conifères.

Les règles générales de l'élagage sont applicables à ces différentes espèces; nous dirons seulement quelques mots des peupliers et des conifères.

Des peupliers. — Les peupliers, grâce à leur prompte croissance et à l'excellente qualité de leur bois, forment un groupe du plus haut intérêt. Pour eux, l'utilité de l'élagage n'est pas contestée; leur conduite est exactement la même que celle des autres arbres; ils croissent dans presque tous les terrains, mais ont besoin d'un sol meuble et frais pour donner leurs plus grands produits. Aussi réussissent-ils admirablement dans les vallées et le long des fossés d'assainissement. La terre provenant du curage de ces fossés, pourvu qu'elle ne soit pas déposée en trop grande quantité à la fois, amène, par suite de leur remarquable faculté de bouturage, l'émission de jeunes racines qui forment de nouvelles couronnes, et les font profiter d'une abondante nourriture dans des conditions qui, pour d'autres, détermineraient parfois l'asphyxie.

Quelques-uns arrivent à des dimensions colossales; le plus beau, sans contredit, est le peuplier blanc, connu vulgairement sous le nom de *grisard, ypreau* ou *blanc de Hollande;* il est en même temps le plus précieux par la qualité de son bois, ce qui lui a valu le surnom de *chêne des bois blancs*.

La grande vigueur des peupliers fait qu'on peut sans inconvénient allonger leur tronc dans une proportion qui augmente de beaucoup la partie industrielle, c'est-à-dire de la moitié aux deux tiers de la hauteur totale. Le développement de leurs branches, joint au peu de résistance du bois, rend les raccourcissements particulièrement indispensables, sous peine de voir les vents et le givre en briser une partie, et occasionner des pertes énormes.

Une variété, le peuplier d'Italie, est peut-être le seul arbre qui demande à être conduit suivant l'ancienne méthode dite élagage ou bottage en tête, laquelle consiste à supprimer, périodiquement et à des époques rapprochées, toutes les branches à l'exception d'un bouquet réservé au sommet. Le tronc de l'arbre ainsi traité prend une forme à peu près cylindrique et se prolonge beaucoup plus que si les branches de la moitié supérieure étaient respectées. En effet, toutes les branches de ce peuplier prennent une direction verticale, deviennent par conséquent presque aussi grosses que le tronc et lui enlèvent sa valeur à partir de ces divisions; ainsi, un peuplier d'Italie haut de 20 mètres n'aurait qu'un tronc de 10 à 12 mètres s'il était élagué d'après les indications précédemment formulées, tandis qu'élagué en tête, il conserve, jusqu'à 15 mètres et au delà, un diamètre qui le rend propre à l'industrie.

En revanche, cette variété n'acquiert tout son aspect majestueux qu'à la condition de ne pas être élaguée ou du moins d'être abandonnée à elle-même, avant qu'elle soit arrivée au terme de sa croissance.

Des arbres résineux ou conifères. — Ces arbres, qui croissent habituellement en massifs, composent de très-belles forêts de pins ou de sapins et sont une des ressources les plus précieuses pour les reboisements, tant à cause de leur facilité à se produire par la voie des semis faits sur place, que par leur action sur le sol, qu'ils préparent à recevoir les essences dures et le chêne en particulier. Des deux opérations auxquelles se résume l'élagage, la coupe rez-tronc et le raccourcissement des branches, la deuxième n'est généralement pas nécessaire sur les sapins, dont la forme naturelle est élancée et pyramidale.

Il suffit donc, dans la majorité des cas, pour ces espèces, de supprimer, quand on le peut, les branches mortes ou mourantes.

Il n'en est pas de même des pins, qui, lorsqu'ils ne sont pas serrés les uns contre les autres, développent souvent des branches énormes au détriment de la longueur et de la beauté de leur tronc, seule partie ayant une valeur sérieuse. Pour ceux-ci, le raccourcissement des branches s'opère absolument comme nous l'avons indiqué pour les essences feuillues, c'est-à-dire vers le tiers ou la moitié de la longueur, mais toujours au delà des branches secondaires; cette seconde condition est encore bien plus rigoureuse que pour les arbres à feuilles caduques; car un tronçon, dépourvu de branches ou de rameaux d'appel, serait infailliblement condamné à périr.

Par ces procédés, on ramène l'arbre à la forme qu'il aurait dû avoir dans les circonstances normales;

le tronc s'allonge, grossit d'une façon régulière et acquiert un prix élevé. Tout le monde connaît l'importance des bois résineux pour les constructions civiles, navales, et pour les mâts en particulier.

A mesure que l'arbre avance en âge, les branches basses meurent et se dessèchent, la résine qui les imprègne les empêche de pourrir, mais la partie morte, se trouvant enveloppée dans le nouveau bois, forme des nœuds qui interrompent les fibres longitudinales, et par là même nuisent à la végétation de l'arbre, à sa solidité comme charpente, et produisent des trous dans les planches ou madriers qu'on en tire lors de la mise en œuvre.

Ces défauts sont faciles à éviter par la coupe rez-tronc des branches mortes ou mourantes; l'application d'une couche de coaltar a l'avantage d'empêcher l'écoulement de la résine, ou du moins de le diminuer considérablement.

Le chicotage, tout en ayant là moins d'inconvénients que sur les arbres à feuilles caduques, n'en est pas moins une mauvaise opération, car il faut toujours finir par abattre les chicots après un petit nombre d'années; quelques personnes ont adopté ce mode pour éviter la déperdition de la séve. Dans tous les cas, la coupe rez-tronc doit avoir lieu dès l'année suivante, ce qui augmente considérablement la main-d'œuvre et ne doit, par conséquent, jamais s'appliquer aux bois d'une certaine étendue.

Lorsqu'on néglige d'enlever ces chicots dépourvus de vie, il se forme à leur base des bourrelets de nouveau bois (fig. 63), qui ont l'inconvénient de rendre le tronc noueux, et si on veut les supprimer après quelques années, d'occasionner des plaies d'un diamètre double ou triple de ce qu'elles auraient dû être si la coupe rez-tronc eût été pratiquée tout d'abord.

Fig. 63. — Branches de pin taillées à chicot.

L'usage d'élaguer les pins est fort répandu en France, mais on l'exagère généralement en ne laissant qu'un nombre insuffisant de couronnes, ce qui nuit à leur développement en grosseur. Tant que les branches sont bien portantes, l'élagage ne doit les remonter que jusqu'à la moitié ou tout au plus jusqu'aux deux tiers de leur hauteur; on se souviendra des recommandations de prudence faites précédemment, c'est-à-dire que les arbres jeunes ont besoin de conserver une proportion de branches plus considérable que ceux qui sont plus âgés.

CHAPITRE IX.

ARBRES D'ALIGNEMENT. — PLANTATIONS DANS LES CHAMPS CULTIVÉS.

Arbres d'alignement. — Par ce mot, j'entends les plantations régulières qui bordent les routes, avenues, canaux, promenades etc., mais je ne prétends pas m'occuper des formes de fantaisie et de caprice, me reportant toujours aux formes naturelles et utiles.

Au reste, il y a peu de chose à ajouter à tout ce qui a été dit, car, suivant leur âge et leurs dimensions, ces arbres rentrent dans l'une des catégories sous lesquelles les arbres forestiers ont été rangés.

Arbres des grandes routes. — Tout le monde a été frappé du navrant spectacle que présentent, le long des anciennes grandes routes, ces malheureux arbres, ormes pour la plupart, qui semblent se tordre et implorer la pitié des passants.

Le génie de Henri IV et de Louis XIV avait voulu en faire un ornement et une richesse pour la France; les mutilations dont ces plantations ont été les victimes les ont rendues un objet de répulsion, et tandis que de beaux arbres embellissent toujours un paysage, quelque triste qu'il soit d'ailleurs, ces malheureux contrefaits, couverts d'une végétation maigre et hérissée, n'ont servi qu'à donner à notre pays un aspect de misère et de désolation[1].

Tout cela est pourtant le résultat d'une mauvaise direction. Certaines routes du Nord, où ce travail est habilement conduit, en Flandre notamment, offrent de superbes avenues, qui procurent de beaux ombrages, en même temps qu'elles ont acquis une grande valeur due non moins à des soins intelligents qu'à la bonne qualité du sol.

On n'a pas lieu d'être surpris des tristes résultats que nous avons journellement sous les yeux, si l'on se reporte à l'état des forêts; on doit même convenir que, quelle que soit la science des ingénieurs, leurs études n'ont pas les lois de la végétation pour objet spécial. Par ce qu'on voit d'ailleurs il serait même peut-être injuste de prétendre que d'autres eussent mieux réussi.

Ici encore l'unique ressource est dans un bon élagage, et un bon nombre de ces arbres peuvent être en un petit nombre d'années sensiblement améliorés.

Voici comment il faut s'y prendre: on sait que trois ou quatre branches peuvent être retranchées sans inconvénient; sur les arbres qui nous occupent, c'est par centaines qu'on peut souvent compter les rejets

[1] Cet aspect est moins sensible pour les étrangers depuis que les chemins de fer ont fait abandonner ces voies désolées et montrent le pays avec sa véritable physionomie.

plus ou moins vigoureux qui se sont développés. Il faut couper rez-tronc toutes ces branches parasites, sur une hauteur de deux à trois mètres, selon leur nombre, leur grosseur, et suivant qu'elles sont plus ou moins espacées; le reste est conservé. Les plaies souvent énormes[1] qui en résultent sont pansées au coaltar, et chaque année on supprime avec soin le pousses qui apparaissent abondamment à l'entour; leur nombre diminue bientôt, et lorsqu'elles ont à peu près cessé de se montrer, on peut recommencer l'opération sur un espace égal de deux à trois mètres, jusqu'à ce que l'arbre ait été ramené à des proportions régulières.

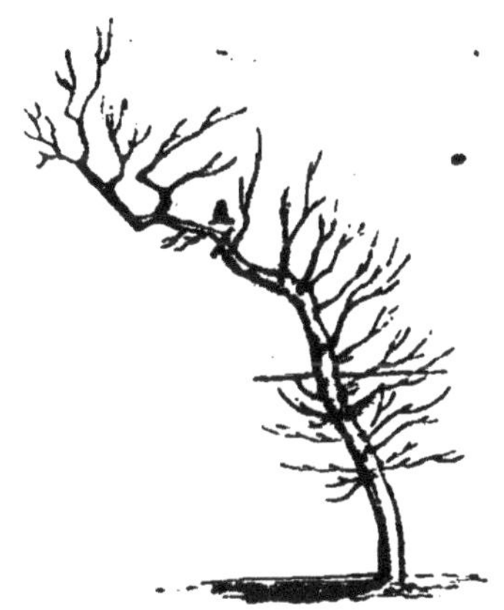

Fig. 64. — Orme de grande route, âgé de soixante ans environ.

Si la tête a une forme tolérable, on la conserve en lui donnant les soins prescrits aux indications générales; si elle est absolument défectueuse, comme cela se trouve trop souvent (fig. 64), il faut la retran-

[1] On ne peut pas avoir la prétention d'enlever toutes les protubérances: lorsqu'elles sont saines, il faut bien s'en garder; il convient même de conserver quelques rejets de place en place pour éviter de faire de trop grandes plaies.

cher au point A, par exemple, en conservant ceux des rejets qui sont les mieux disposés pour former une flèche et des branches charpentières; les rejets inférieurs sont supprimés jusqu'à la hauteur indiquée par un trait. La tête se reconstitue tant bien que mal en quelques années (fig. 65).

Fig. 65. — Orme de grande route représenté par la figure précédente; — dixième année, deuxième taille.

La longueur des branches charpentières pour les arbres d'alignement est subordonnée à l'espacement de leur plantation ; on ne doit pas leur permettre de s'enchevêtrer les unes dans les autres, car les arbres les plus vigoureux porteraient un grand préjudice à leurs voisins au détriment de la régularité de l'ensemble et du produit futur.

Des jeunes plantations. — A part quelques louables exceptions, les nouvelles plantations exécutées le long des routes laissent également presque toujours à désirer sous le rapport de leur direction.

Le plus souvent on étête les sujets en les mettant en place. A Paris et dans les plantations les plus soignées, les jeunes arbres conservent leur tête. Ce mode, lorsqu'il réussit, est assurément préférable, mais il exige de grands soins, notamment des arrosements copieux et des bassinages fréquents.

On sait, en effet, ce qui se passe au moment de la reprise : si les racines ne fournissent pas une quantité d'eau égale à celle dépensée par l'évaporation, les écorces se durcissent, la circulation se fait mal, l'arbre languit, dépérit et meurt.

Mais le plus souvent cette quantité de séve, insuffisante pour atteindre les extrémités, est parfaitement en état d'alimenter une portion du sujet. Ma conclusion est donc que l'on doit généralement écimer, en les plantant, les jeunes arbres — à feuilles caduques — auxquels on ne peut pas donner de grands soins et beaucoup d'eau. Il faut toujours, si cela est possible, conserver quelques branches raccourcies au-dessus d'un petit nombre de rameaux ou d'yeux bien constitués; ceux-ci développeront rapidement des feuilles qui établiront la circulation nécessaire à la vie.

Incision longitudinale. — Un moyen de favoriser la reprise des arbres souffrants est de pratiquer l'opération bien simple et bien connue des jardiniers, l'incision longitudinale, qui consiste à fendre l'écorce avec la pointe d'un couteau, sur toute la hauteur de l'arbre.

Les nouveaux tissus qui se forment immédiatement favorisent la circulation des sucs nourriciers entravée par le durcissement de l'écorce, et ravivent plus d'un arbre qui languissait depuis plusieurs années.

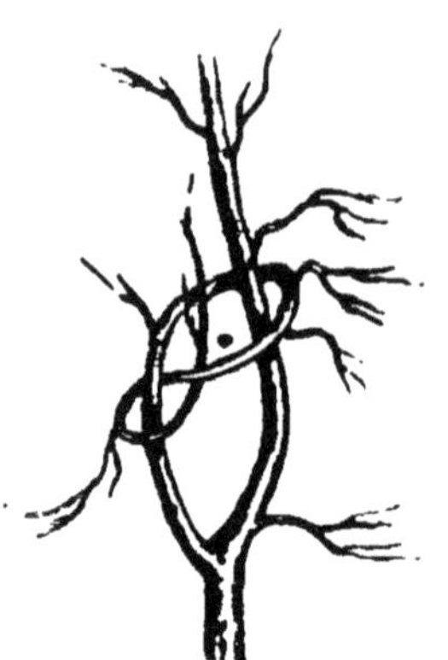

Fig. 66. — Redressement d'un jeune orme.

L'incision longitudinale doit se faire pendant l'époque de la séve, c'est-à-dire au printemps ou en été : elle réussit également sur presque tous les arbres et favorise la reprise de beaucoup d'entre eux.

Redressement des jeunes plantations. — Toutes les fois qu'après quelques années de plantation la tête de l'arbre ne se forme pas bien, on ne doit pas hésiter à la supprimer pour redresser la branche la plus vigoureuse ou la mieux disposée, que l'on maintient dans la direction verticale par les moyens indiqués aux pages 65, 57 et suivantes (fig. 34, 37 et 38). Souvent il suffit de la fixer à l'aide d'une branche voisine, tordue en manière de hart (fig. 66). Si elle est déjà trop forte pour cela, on emploie un tuteur solide assujetti au tronc de l'arbre et à la première couronne (fig. 67), et en peu d'années l'arbre est complétement redressé.

Un moyen mécanique bien simple rend cette besogne facile. Il suffit d'avoir trois ou quatre fortes courroies de cuir gras et commun comme celui qu'emploient les bourreliers pour confectionner les harnais de charrue; ces courroies sont munies de boucles, on commence par attacher solidement le tuteur au pied de l'arbre, puis à l'aide des courroies que l'on serre alternativement, on ramène peu à peu la branche à la direction verticale. Une fois qu'elle est bien disposée, on la fixe à demeure avec du fil de fer ou d'autres liens, en ayant toujours le plus grand soin de ménager les écorces; des débris de cuir ou des coussinets de paille remplissent fort bien cet office protecteur.

Fig. 67. — Redressement d'un jeune orme.

Lorsque la branche dont on veut former la flèche nouvelle est trop inclinée ou trop roide pour que les courroies suffisent à la redresser, on est obligé d'employer un moulinet composé d'une corde double et d'un bâton court; on la ramène ainsi au point où elle peutêtre saisie par les courroies.

L'orme, on le sait, est l'arbre qui se rencontre le plus souvent dans les plantations d'alignement. Peut-être en a-t-on abusé, car tous les terrains ne lui conviennent pas au même degré; il est certain toutefois que parmi les arbres de nos contrées, c'est un des plus faciles à conduire, mais c'est en même temps un de ceux qui peuvent le moins se passer d'une bonne direction.

Je conseille de pratiquer l'élagage le long des routes tous les quatre ou cinq ans, tant pour le bien des arbres que pour la compensation des frais qu'il occasionne. Nous avons vu qu'il faut quatre ans environ pour que, dans la majorité des cas, les rejets parasites aient disparu, ce qui indique que la séve a bien pris son cours vers le sommet. Les petites plaies sont alors parfaitement recouvertes, les grandes sont déjà entourées d'un large bourrelet de nouveau bois dont nous connaissons l'action sur l'ensemble de la végétation de l'arbre (p. 106).

On peut dès lors recommencer les mêmes opérations avec certitude de succès. Dans les intervalles, les cantonniers doivent avoir soin d'enlever chaque année à la fin de l'été avec l'émondoir les rejets qui se seraient développés le long de la tige. Ils peuvent également raccourcir sur les très-jeunes arbres toutes les branches basses qui auraient de la tendance à s'emporter. Cette sorte de pincement serait très-favorable à la bonne direction de la flèche.

Des avenues. — Une avenue qui sert d'arrivée à une habitation n'a de mérite qu'autant qu'elle présente une régularité parfaite. Il se trouve souvent que parmi des arbres offrant un alignement tolérable, quelques-uns ont pris une mauvaise direction et gâtent entièrement la perspective (fig. 68). Les supprimer serait détruire l'ensemble, les remplacer est à peu prés impossible, l'ombrage et les racines des arbres voisins nuiront toujours à la reprise et à la croissance des nouveau-venus. Il n'y a qu'un parti à prendre, c'est d'abattre la tête de l'arbre en A à une certaine distance, un mètre par exemple, du point où le tronc cesse d'être vertical; si, comme c'est probable, il existe un rejet vigoureux B, sur le dessus du coude, on le redresse et on le maintient dans la position verticale à l'aide d'un tuteur ou d'un lien, en ayant soin chaque année de supprimer la plus grande partie des rameaux qui se développent dans le voisinage de la section et de n'en conserver qu'un petit nombre pour absorber l'excédant de séve.

Fig. 68. — Orme d'avenue ayant une mauvaise direction.

La nouvelle flèche prend une vigueur excessive et

l'arbre se refait en peu d'années (fig. 69). Le tronçon continuera à vivre par le moyen de quelques rejets qu'on lui a laissés, mais qu'on doit surveiller attentivement; enfin il pourra être enlevé, soit à la scie, soit à la hache, mais seulement quand la nouvelle flèche sera assez grosse et assez solide pour qu'on soit à l'abri de toute crainte. On ne doit pas se presser. Il faut attendre de dix à vingt ans sur des arbres analogues à celui représenté par les figures 68 et 69, c'est-à-dire âgés d'une soixantaine d'années.

Fig. 69. — Orme représenté par la figure 68, dix ans après l'opération.

Élagage des tilleuls. — Les tilleuls, une des plus belles espèces de nos contrées, formeraient de magnifiques avenues s'ils n'étaient exposés aux maraudeurs, qui viennent briser toutes les extrémités supérieures pour s'emparer de la fleur, très-recherchée en pharmacie. La croissance de ces arbres et alors complétement arrêtée, et, pour peu que cette funeste opération ait été répétée, ils restent toujours rabougris. On doit donc s'opposer rigoureusement à ces mutilations; mais, comme il ne faut pas se priver de cette fleur précieuse, il est utile d'élaguer les tilleuls, c'est-à-dire de pratiquer les raccourcissements de branches au moment de la floraison. De la sorte, on obtient la fleur sans nuire aux arbres.

Plantations de la ville de Paris. — Avant de terminer, je me permettrai une observation sur l'élagage des plantations de la ville de Paris. Cet élagage, très-habilement exécuté et qui repose évidemment sur des principes généraux identiques à ceux exposés dans cet opuscule, laisse généralement à désirer en ce sens que les couronnes inférieures ne sont pas suffisamment raccourcies. Aucun arbre destiné à grandir ne doit être taillé en boule ou même en pyramide, car, dans ce cas, les branches basses ne peuvent manquer de prendre un accroissement excessif, toujours au détriment de la flèche; en outre du tort qu'elles causent à cette dernière par l'absorption de la séve qu'elles lui enlèvent, l'ombre qu'elles projettent empêche le développement des ramifications supérieures; les premières grossissent d'une façon démesurée, ce qui occasionne, lors de leur suppression, des plaies relativement énormes. Qu'on ne l'oublie pas, c'est le contraire qui doit se passer, c'est-à-dire que ce sont les couronnes élevées qui doivent ombrager les branches basses. Ces inconvénients seraient évités par une taille plus courte des membres inférieurs, ce qui ramènerait la forme de la tête à cet ovoïde que j'ai tant recommandé; les branches convenablement étagées s'épanouiraient alors en ramifications horizontales au profit de l'arbre tout entier.

On prétexte le besoin d'obtenir plus promptement de l'ombrage; cette raison ne peut être donnée sérieusement : qu'importe, en effet, que l'ombre soit produite par la troisième couronne au lieu de l'être par la première? La surface abritée n'y perd rien.

Malgré ces quelques critiques de détail, la justice me fait un devoir de proclamer les immenses progrès qu'une direction habile a déjà amenés dans l'aspect des plantations de la ville de Paris: ces améliorations sont un puissant argument en faveur du système que je préconise. Si l'on considère les arbres anciens et les plantations plus récentes, — je parle de ce qui a été fait dans notre siècle, car autrefois on travaillait fort bien, — il est intéressant de voir les uns abandonnés et déjà décrépits, les autres, objets d'élagages encore timides et incertains, les derniers enfin, parfaitement conduits, sauf l'observation ci-dessus; on pourra facilement se rendre compte des avantages d'une taille rationnelle et prudente, et on restera convaincu que, malgré l'apparence uniforme que l'élagage leur donne au début, chaque arbre reprend bientôt l'aspect, le port et la physionomie qui lui sont propres.

A Paris, rien n'est plus facile que d'obvier aux défauts que je signale; mais il est important pour les personnes qui habitent ou qui visitent la capitale de bien se pénétrer de toute la différence qui existe entre les arbres de promenades toujours en vue, soumis à une surveillance incessante, accessibles en tout temps, et qu'on peut, par conséquent, travailler chaque année, et ceux d'un bois dont le traitement ne peut avoir lieu qu'au bout d'une période de quinze, vingt ou même trente ans.

Des arbres plantés au milieu des champs cultivés. — Il est une très-importante catégorie d'arbres plantés plus ou moins symétriquement au milieu des cultures, le plus souvent à cause de leurs fruits, mais dont les bois sont précieux; c'est seulement à ce dernier titre que nous avons à nous en occuper. Les principaux sont, suivant le sol et le climat: le poirier, le pommier, le cerisier, le châtaignier, le cormier, le noyer et l'olivier. On peut y joindre l'érable, qui sert de support à la vigne dans les contrées méridionales. Je ne parle pas du mûrier, ne connaissant pas la valeur de son bois; d'ailleurs sa taille, exécutée au point de vue de la production des feuilles, n'est pas sans analogie avec celle que j'ai recommandée pour les têtards.

Généralement tous ces arbres sont entièrement négligés sous le rapport industriel; à la vérité c'est le contraire qui devrait paraître surprenant, car on ne peut exiger des propriétaires agricoles ou des fermiers de travailler mieux que les forestiers.

Il y aurait une étude fort intéressante à faire sur ces différents bois, dont plusieurs ne le cèdent en valeur à aucune des espèces exotiques ; nous prendrons seulement pour exemple le noyer, qui occupe la première place comme étant le plus répandu. Ce bois si fin, si liant, non moins propre à l'industrie qu'aux arts, et auquel nous devons tant de chefs-d'œuvre de sculpture, tend néanmoins à disparaître. On en trouve encore de beaux, mais ils deviennent chaque jour plus rares, la production n'étant pas en rapport avec la consommation.

Le traitement à lui appliquer est identique à celui qui convient aux arbres forestiers ; la suppression des branches doit s'opérer exactement de même, et la cicatrisation des plaies se produit en général d'une manière satisfaisante. Ici comme sur les chênes, on ne saurait être trop circonspect quand il s'agira de l'ablation de très-grosses branches sur de vieux arbres ; il sera préférable le plus souvent de se contenter de les couper à quelques mètres du tronc, ce qui amènera le développement de nouveaux rameaux. — Sans diminuer la production fruitière, l'élévation de leur tige aurait encore l'avantage d'atténuer le préjudice que leur ombrage ne peut manquer d'apporter aux cultures.

Le noyer n'est pas indifférent à la nature du sol ; dans les localités où il végète pauvrement on peut souvent lui rendre beaucoup de vigueur au moyen d'une taille sévère, aidée d'incisions longitudinales, comme il a été dit plus haut.

CHAPITRE X.

ÉLAGAGE DES HAIES VIVES.

Les haies vives forment d'excellentes clôtures : indispensables dans tous les pays où l'on élève des bestiaux, elles sont toujours utiles pour la défense des héritages et notamment des vignobles. Les premières, composées habituellement d'essences forestières mélangées, sont abandonnées à elles-mêmes ; plantées d'ordinaire sur des revers de fossés, elles occupent un espace considérable et produisent des coupes périodiques analogues aux taillis. Lors de l'exploitation, quelques brins sont conservés et inclinés pour maintenir la clôture pendant la pousse. C'est alors qu'il importe de ménager des baliveaux capables de former par suite de très-beaux arbres.

Les autres haies composées d'arbustes buissonneux, le plus souvent épineux, ne sont plus considérées qu'au point de vue de la défense. On les taille pour les rendre plus touffues et ménager le terrain environnant : telles sont les haies d'aubépine plantées des deux côtés de la voie, sur la plupart des lignes des chemins de fer. On est dans l'usage de les tondre une fois par an vers l'automne, soit au croissant, soit avec des cisailles, et de leur donner la forme d'un

Fig. 70. — Haie taillée d'après le mode ordinaire.

Fig. 71. — Haie taillée suivant la forme ovoïde.

mur. Ce mode de taille est défectueux en ce que la végétation se porte toujours vers le sommet, qui va chaque année en s'élargissant (fig. 70) ; le pied de la haie se dégarnit, elle n'est plus suffisamment protectrice, son aspect est disgracieux, et quand on la façonne, les pousses étant déjà durcies, elle demande un temps assez long à l'ouvrier.

Il est bien préférable de ramener la haie à la forme ovoïde que nous avons recommandée pour les arbres (fig. 71) ; elle n'occupe pas plus d'espace sur le sol, la végétation est retenue par de nombreuses branches latérales, la haie se maintient touffue depuis le bas jusqu'en haut et atteint ainsi mieux son objet, tout en conservant plus de régularité.

Ce résultat sera obtenu d'une façon d'autant plus complète qu'on aura pris soin, lorsque la haie est encore jeune, d'incliner les tiges les plus vigoureuses en les maintenant bon avec un fil de fer; les branches se grefferont entre elles et la haie se garnira ainsi de manière à devenir tout à fait impénétrable.

Quelle que soit la forme qu'on veuille donner à une haie, il est nécessaire de la tailler deux fois par an au lieu d'une : la première façon aura lieu vers le mois de juin, alors que les jeunes rameaux sont encore à l'état herbacé, mais après la floraison pour ne pas se priver de cet agrément. Cette opération, analogue au pincement en usage sur les arbres fruitiers, a pour effet d'arrêter momentanément la végétation, ou, comme disent les jardiniers, de refouler la séve vers les parties inférieures. A l'automne on pratique une deuxième taille, qui se fait encore très-aisément à l'aide du croissant ou des cisailles. La haie est beaucoup plus belle, elle conserve toute l'année une régularité satisfaisante; enfin les deux tontes ont pris à l'ouvrier bien moins de temps que l'élagage unique habituellement pratiqué vers la fin de la saison. Je ne mentionne pas le produit, car il est nul dans l'un comme dans l'autre cas.

CONCLUSION.

La rareté croissante des bois prend des proportions effrayantes, leur production est dès aujourd'hui au-dessous des besoins, et on peut prévoir le jour peu éloigné où nos fils manqueront tout à fait de cette substance de première nécessité, que rien ne peut remplacer, à moins que de grands moyens ne soient pris dans le but de prévenir une crise dont il est impossible de calculer les conséquences. Depuis longtemps cette vérité a frappé les esprits prévoyants, le cri d'alarme a été jeté, et mille voix ont proclamé l'urgence des reboisements. L'État a fait certains essais, accordé ou promis quelques encouragements, des particuliers généreux ont consacré leur fortune et voué leur existence à ces utiles travaux; mais le nombre en est fort restreint à cause des mises de fonds nécessaires, de la longue attente du produit, et surtout de l'inutilité démontrée des plus grands efforts dans l'état actuel et précaire de la propriété.

Les causes de destruction vont toujours en augmentant: nous avons vu que la première de toutes est le Code civil, qui doit anéantir avant un siècle toutes les forêts des particuliers.

Les forêts de l'État couvrent encore de vastes superficies[1], mais nous en voyons chaque année diminuer le nombre, par suite d'aliénations, qui sont autant d'arrêts

[1] Un million d'hectares environ

de mort. Ce n'est pas tout, on donne cours à des rumeurs sinistres; on prétend qu'il n'est question de rien moins que de vendre d'un seul coup pour deux cents millions de ces mêmes forêts. Puisse la France être préservée d'un pareil désastre, qui serait à jamais irréparable !

Sans admettre la réalisation d'un tel malheur, il est certain que les plantations qu'on fait et celles qu'on pourra vraisemblablement exécuter seront loin de compenser les pertes déjà accomplies. Les arbres (à l'exception des bois blancs), bons à abattre dans un siècle, existent à l'heure qu'il est, mais négligés comme ils le sont généralement, la plupart resteront inutiles ; c'est donc à nous qu'il appartient d'en faire profiter nos neveux.

C'est à cette œuvre toute de désintéressement que je convie les hommes dévoués à leur pays ; il ne s'agit que de mettre en valeur par ces moyens si simples, à la portée de tous, et applicables à la plus vaste forêt comme au plus modeste domaine, les immenses richesses que la Providence crée incessamment et à notre insu pour le bien-être de l'homme.

Notre devoir envers elle et envers la postérité est d'entretenir ces dons précieux, et malgré les ravages résultant du fait même de nos lois non moins que de l'imprévoyante et insatiable cupidité dont nous sommes chaque jour témoins, on peut affirmer qu'il existe encore sur le sol de la France un nombre d'arbres suffisant pour pallier en partie du moins cette pénurie, pourvu que leur développement soit convenablement favorisé. Les travaux, d'ailleurs, seront souvent rémunérateurs et produiront toujours par la suite des profits très-réels, quoique éloignés. Je fais donc appel en particulier aux habitants des campagnes habitués à travailler longtemps avant de récolter. Ils me vengeront, je l'espère, des dédains que je ne puis manquer d'inspirer à ceux qui prétendent, du jour au lendemain, réaliser des bénéfices fabuleux.

Mon ambition première est d'attirer sur les moyens que je propose l'attention des Sociétés qui se sont imposé la noble tâche de protéger et de diriger l'agriculture, Sociétés dont les efforts, au moyen d'une large émulation et par la diffusion des bonnes méthodes, ont déjà répandu tant d'encouragements féconds.

Ce vœu n'a pas tardé à être exaucé; car, peu après la publication de cet ouvrage, la Société impériale et centrale d'agriculture de France a décerné une médaille d'or à son auteur. (Note de l'éditeur.)

Il est en effet nécessaire que le public sache à quoi s'en tenir au sujet d'un système qui, s'il est mauvais, aura pour résultat inévitable la destruction absolue des bois où il aura été mis en usage ; et dont l'application générale, s'il est reconnu bon, sera probablement un des plus grands bienfaits agricoles rendus depuis longtemps au pays.

FIN.

RÉSUMÉ DES PRINCIPALES OPÉRATIONS DE L'ÉLAGAGE.

1. **Baliveau.** La longueur du tronc égale dans les circonstances ordinaires le tiers environ de la hauteur de l'arbre. La forme de la tête est celle d'un ovoïde très-allongé, le centre de gravité étant placé assez bas pour empêcher l'arbre de s'incliner. Les branches basses maintiennent la séve et font grossir le corps de l'arbre; leur raccourcissement les empêche de s'emporter au détriment de la flèche. Elles doivent donc être très-courtes.

2. **Moderne.** Le tronc est d'environ les deux cinquièmes de la hauteur. La tête offre un ovoïde un peu moins allongé. Toutes les fois qu'une branche verticale de la cime est d'aplomb sur le tronc ou sur une partie quelconque du tronc, elle doit être conservée comme flèche unique, toutes les autres sont raccourcies à son profit par la suppression des parties se rapprochant de la verticale. Si aucune des branches n'est d'aplomb sur le tronc, on en conserve plusieurs pour former une tête régulière et bien équilibrée. A mesure que l'arbre grossit, c'est-à dire à chaque période de l'aménagement auquel le bois est soumis, on supprime quelques-unes des branches basses ou mal placées, en ayant soin de ne pas dépasser le nombre de trois ou quatre, si elles sont grosses ou moyennes. La coupe des branches doit être exécutée avec grand soin, la plaie parfaitement nette et aussi verticale que possible, de façon à mettre toute la circonférence en communication par le tissu fibro-vasculaire avec la séve descendante élaborée par les feuilles, laquelle seule forme le nouveau bois qui vient recouvrir la plaie. La cicatrisation s'opère rapidement et complétement, toujours sans carie quelles que soient ses dimensions; mais il est nécessaire de la préserver des influences extérieures par l'application immédiate d'une couche de coaltar. Toutes les branches mortes ou mourantes et les chicots doivent être enlevés et pansés de la même façon.

3. **Ancien.** La longueur du tronc peut approcher de la moitié de la hauteur totale. La tête s'arrondit, sans gêner le taillis et les arbres voisins. Toutes les parties cariées sont enlevées avec soin; quelques branches sont au besoin supprimées ou raccourcies. L'arbre bien équilibré, avec un tronc cylindrique et vertical, atteint un développement régulier et devient propre aux usages les plus précieux.

4. **Vieille écorce.** L'arbre ayant cessé de grandir, sa tête s'aplatit. On raccourcit les branches basses trop développées qui nuiraient au sous-bois et amèneraient le couronnement de l'arbre; les soins sont les mêmes que pour le précédent, mais on doit agir avec une réserve plus grande encore.

TABLE DES CHAPITRES.

TABLE DES FIGURES.

FIN DE LA TABLE DES FIGURES.

TABLE ALPHABÉTIQUE DES MATIÈRES.

FIN DE LA TABLE ALPHABÉTIQUE DES MATIÈRES.

OUTILS

ET

INSTRUMENTS POUR L'ÉLAGAGE

Fournis par P. MOINE-BOURGINE, fabricant

10, RUE SAINT-PLACIDE, A PARIS.

Serpe renforcée n° 1 (poids, 1 kilog. 500 et au-dessus)	5f c
Serpe renforcée n° 2 (poids, 1 kilog. 200 à 400 gr.)	4 50
Serpe renforcée n° 3 (poids, 800 gr. à 1 kilog.)	4 »
Hachette	4 25
Crochet porte-serpe.	» 75
Courroie-ceinturon destinée à suspendre le crochet	2 »
Émondoir	2 75
Croissants . . . . 6, 7, 8 et	9 »
Serpette	1 75
Couteau à scie ou scie fermant	1 20
Scie d'élagueur	2 »
Pot à coaltar.	2 75
S pour suspendre le pot à coaltar	» 20
Brosse à coaltar	2 »
Échenilloirs . . . . 5 fr. 50 et	6 50
Sécateur	5 50
6 courroies pour redresser les arbres	14 »

La série indispensable à un élagueur se compose de deux serpes, une hachette et deux émoindoirs. La serpe n° 3, trop légère pour les gros travaux d'élagage, convient aux gardes, aux jardiniers, et ne doit servir que pour les très-jeunes arbres.

STRASBOURG, TYPOGRAPHIE DE G. SILBERMANN.

Strasbourg, Typographie de G. Silbermann.

www.ingramcontent.com/pod-product-compliance
Ingram Content Group UK Ltd.
Pitfield, Milton Keynes, MK11 3LW, UK
UKHW021151260726
13994UKWH00001B/392

9 782329 399652